CONRAUS ZWERGTAGGECKO

LYGODACTYLUS CONRAUI

Beate RÖLL

Männchen von *Lygodactylus conraui* aus Ghana

Inhalt

Bildnachweis: Titel: Männchen von *L. conraui*; Kleines Bild: Hinterfuß von *L. conraui*; Seite 1: Junges Männchen von *Lygodactylus conraui*; Alle Fotos in diesem Buch von Beate Röll

ISBN: 978-3-86659-478-4

An der Kleimannbrücke 39/41
48157 Münster
www.ms-verlag.de

Geschäftsführung: Matthias Schmidt
Lektorat: Heiko Werning & Kriton Kunz
Layout: Mirko Barts
Druck: Pario Print, Krakau

Vorwort

DIE Zwergtaggeckos aus der Gattung *Lygodactylus* sind in der Terraristik mittlerweile gut bekannt. Diese Bekanntheit haben sie zum großen Teil dem Türkisblauen Zwergtaggecko (*L. williamsi*) aus Ostafrika zu verdanken. Die Männchen dieser Art sind wirklich leuchtend türkisblau, die Weibchen grünbronzefarben. Viele andere Arten der Gattung *Lygodactylus* kommen eher unscheinbar in Braun- und Grautönen daher.

Aber es gibt noch eine weitere farblich sehr ansprechende Art, und zwar Conraus Zwergtaggecko, *L. conraui*, aus Westafrika. Die Männchen haben einen leuchtend grünen Rumpf mit gelbem Kopf und Schwanz. Auch Weibchen können grün sein, aber manchmal zeigen sie sich stattdessen tarnfarbig mit dunklerem Grün oder beigebraunen Farbtönen. Im Vergleich mit dem Türkisblauen Zwergtaggecko, der eine Kopf-Rumpf-Länge von 38–42 mm erreichen kann und damit zu den größeren *Lygodactylus*-Arten zählt, ist *L. conraui* mit einer Kopf-Rumpf-Länge von 28–31 mm wesentlich kleiner, zierlicher und gehört zu den kleinsten Arten der Gattung.

Conraus Zwergtaggecko wird erst seit wenigen Jahren relativ regelmäßig auf Terraristikbörsen angeboten. Zunächst handelte es sich hierbei sicherlich um Wildfangtiere. Aber auch diese *Lygodactylus*-Art lässt sich mit entsprechender Fürsorge relativ leicht halten und

nachzüchten. Dafür ist man am besten gerüstet, wenn man sich entsprechende Kenntnisse über diese Art aneignet. Und genau hierbei soll dieses Buch helfen! Es soll grundlegende Kenntnisse zur Biologie dieser Art und auch Kenntnisse, die über den Tellerrand hinausgehen, vermitteln. Solches Grundwissen ermöglicht eine artgerechte Haltung, erfolgreiche Vermehrung und lässt uns hoffentlich einem weiteren Ziel näherkommen: Nachzuchttiere in den Terrarien und damit ein zukünftiger Verzicht auf Wildfänge.

Beate Röll, Wennigsen

Porträt eines Weibchens von *Lygodactylus conraui*

Die Gattung *Lygodactylus* Gray, 1864

ZWERGtaggeckos gehören innerhalb der squamaten Echsen (Unterordnung Sauria in der Ordnung Squamata/Schuppenkriechtiere) zur Überfamilie Gekkonoidea und hier zur Familie Gekkonidae. Die Gattung *Lygodactylus* wurde im Jahre 1864 von Gray aufgestellt. Die Typusart ist der Kap-Zwergtaggecko, *L. capensis* (Smith, 1849), aus dem südlichen Afrika. Diese Art gehört zu den vielen unauffällig gefärbten Zwergtaggeckos. *Lygodactylus*-Arten erreichen eine Gesamtgröße von sechs bis maximal zehn Zentimetern. Sie sind tagsüber aktiv, aber Kulturfolger jagen bei künstlicher Beleuchtung auch noch am späten Abend nach Insekten.

Kap-Zwergtaggecko (*Lygodactylus capensis*), die Typusart der Gattung *Lygodactylus*

WUSSTEN SIE SCHON?

Beschreibungen von Gattungen, Arten und auch Unterarten müssen einem verbindlichen Regelwerk, dem „International Code of Zoological Nomenclature (ICZN)", folgen. Zurzeit gilt die vierte Auflage aus dem Jahre 1999 (ICZN 1999). Die Grundlage dafür legte der Schwede Carl von Linné (Linnaeus) im Jahre 1758. Seitdem werden Lebewesen nach einer binominalen oder binären Nomenklatur beschrieben, d. h. ihr wissenschaftlicher Name besteht aus einem Gattungsnamen und einem Artnamen, dem Epitheton. Gattungs- und Artnamen werden aus dem klassischen Latein und dem Griechischen abgeleitet und beide kursiv geschrieben, der Anfangsbuchstabe des Gattungsnamens groß, der des Artnamens klein. Der Autor eines Gattungs- und Artnamens und das Publikationsjahr können an den wissenschaftlichen Artnamen angehängt werden. Autor und Jahr werden in Klammern gesetzt, wenn sich die Gattungszugehörigkeit ändert.

***Lygodactylus thomensis*, eine mit *L. conraui* nah verwandte Art**

Zurzeit umfasst die Gattung *Lygodactylus* 67 Arten: 45 Arten kommen in Afrika südlich der Sahara vor, und zwar sowohl auf dem Festland als auch auf Inseln (auf Bioko, São Tomé, Príncipe und Annobon im Atlantischen Ozean, auf Unguja und Pemba des Sansibar-Archipels im Indischen Ozean und auf Juân de Nova und Europa in der Straße von Mosambik). 22 Arten leben auf Madagaskar und küstennahen Inseln. Zwei Arten sind sogar in Südamerika (nordöstliches Brasilien, Bolivien, Paraguay) zu finden.

Genetische Analysen deuten darauf hin, dass die Gattung *Lygodactylus* einen madagassischen Ursprung hat und sich zunächst von Madagaskar nach Afrika ausbreitete (Röll et al. 2010). Danach kam es dann mindestens einmal zu einem weiteren Austausch, diesmal von Afrika zurück in Richtung Madagaskar.

Die Arten werden nach morphologischen (äußere Körpermerkmale betreffenden) und genetischen Merkmalen in insgesamt 13 Verwandtschaftsgruppen eingeteilt: Vier Gruppen kommen auf Madagaskar und neun in Afrika vor (Pasteur 1965; Puente et al. 2009; Röll et al. 2010; Röll 2013). *Lygodactylus conraui* bildet zusammen mit *L. fischeri* und *L. thomensis* die *Thomensis*-Gruppe, die der ursprünglichen *Fischeri*-Gruppe von Pasteur (1965) entspricht (Röll 2013). Die Mitglieder dieser Gruppe kommen ausschließlich in Westafrika vor.

WUSSTEN SIE SCHON?

Weitere *Lygodactylus*-Arten in Westafrika sind nach Chirio & LeBreton (2007) und Trape et al. (2012) *L. depressus* und *L. gutturalis*, die beide zur *L.-picturatus*-Gruppe zählen, deren Mitglieder hauptsächlich in Ostafrika verbreitet sind. Phylogenetisch gesehen ist die *L.-picturatus*-Gruppe die Schwestergruppe der *L.-thomensis*-Gruppe. In Westafrika kommen also wesentlich weniger Arten vor als in Ost- oder Südafrika.

Lygodactylus conraui TORNIER, 1902

LYGOdactylus conraui gehört zu den ersten Zwergtaggeckos, die überhaupt beschrieben wurden. Beschreibungen aus dem 18. oder der ersten Hälfte des 19. Jahrhunderts sind oftmals recht kurz. Nur wenige Sätze reichten aus, um die Unterschiede zwischen den wenigen schon bekannten und den neu gefundenen Arten darzustellen. Die Erstbeschreibung aus dem Jahre 1902 von TORNIER ist für die damalige Zeit geradezu ausführlich. TORNIER beschreibt neben Schuppenmerkmalen auch die Färbung von lebenden Tieren: „*Rückenfärbung grün, Schnauze hellgrün, bei allen läuft vom Auge über den Ellbogen bis zur Schwanzwurzel eine Reihe blauweisser Ocellen mit schwarzer Umrandung (die bei einem jungen Thier in einen hellen Längsstreifen eingebettet sind); weiter unten an der Körperseite eine zweite Reihe dieser Ocellen von der Achsel bis zum Oberschenkel. Hintergliedmassen (besonders am Unterschenkel) durch weisse Ocellen punktirt. Kehle und Bauch bei Männchen und Weibchen rein weiss.*"

Und am Ende des Artikels findet sich sogar eine Tafel mit Abbildungen von im Artikel behandelten Echsen, darunter eine Reproduktion eines Fotos von *L. conraui*, auf dem die oben genannten Ozellen und die weißen Punkte auf den Hintergliedmaßen gut zu erkennen sind.

TORNIER lagen für diese Beschreibung insgesamt fünf Tiere vor:

Abbildung aus TORNIER (1902), Zool. Jahrb. Bd. 15 Abth. f. Syst. Taf. 35

ein Exemplar aus Bipindi, Zenker Station, in Kamerun und vier weitere – drei adulte und ein juveniles Tier – von der Insel Fernando Poo, die heute Bioko heißt und politisch zu Äquatorialguinea gehört, auch wenn sie 32 km vor der kamerunischen Küste liegt. Die Terra typica ist Bipindi in Kamerun. Allerdings bezeichnete MERTENS (1964) in seinem Beitrag über die Reptilien von Fernando Poo sowohl Bipindi als auch Fernando Poo als Terra typica von *L. conraui*. Das wurde dann von einigen nachfolgenden Autoren übernommen. Benannt wurde die Art zu Ehren des 1899 in Kamerun umgekommenen Gustav Conrau, Agent der Deutschen Plantagengesellschaft.

Ein Synonym (ein weiterer, für eine bereits beschriebene Art

WUSSTEN SIE SCHON?

Gustav Tornier (1859-1939) war ein deutscher Herpetologe, der über 30 Jahre im Museum für Naturkunde in Berlin gearbeitet hat und Mitglied der Nationalen Akademie der Wissenschaften Leopoldina war. Schon bevor er *L. conraui* beschrieb, befasste er sich ausführlich mit Farbvarianten von *L. picturatus* aus Ostafrika (TORNIER 1896).

Bipindi in Kamerun, Terra typica für *Lygodactylus conraui*

WUSSTEN SIE SCHON?

Das Typusexemplar aus Bipindi hatte Georg August Zenker (1855-1922) gesammelt, ein deutscher Gärtner, Botaniker und Zoologe, der einige Jahre Stationsleiter der Jaunde-Station in Kamerun war, sich danach in Bipindi niederließ und den Zenker-Hof bzw. die Zenker-Plantage gründete, auf der er Kaffee, Kakao und Kautschuk anpflanzte. Zenker hat neben einer botanischen auch eine umfangreiche zoologische Sammlung angelegt, die fast vollständig an das Berliner Museum gegangen ist (Milbraed 1923).

vergebener Name) von *L. conraui* ist *Lygodacutylus* (sic) *strongi*, von Barbour & Loveridge (1927) aus Liberia beschrieben. Das zusätzliche „u" im Gattungsnamen wurde von der Druckerei nach der Korrektur der Druckfahne eingesetzt und ist damit ein sog. „error typographicus"; auf diese Information legte Loveridge (1960) in einer Liste von ihm beschriebener Wirbeltiere großen Wert.

Populäre Namen für *L. conraui* lauten im Englischen Conrau's Dwarf Gecko oder Cameroon Dwarf Gecko, im Französischen Lygodactyle de Conrau.

Plantage auf dem Zenker-Hof (Bipindi)

Verbreitung

LYGO*dactylus conraui* hat ein sehr großes Verbreitungsgebiet in West- und Zentralafrika südlich der Sahara: Die Art kommt in Liberia, Elfenbeinküste, Ghana, Togo, Benin, Nigeria, Kamerun, Äquatorialguinea (Festland und Bioko) und Gabun vor. So ein großes Gebiet umfasst natürlich Lebensräume, die sich in Vegetation und im Klima deutlich unterscheiden. Teile einiger dieser Länder sind mit immergrünem tropischen Regenwald bedeckt, und zwar hauptsächlich das Kongobecken, Elfenbeinküste, Südnigeria, Kamerun und Gabun. Hier herrscht ein dauerfeuchtes Klima. Typische Klimadiagramme solcher Regionen weisen für fast alle Monate hohe Regenfälle und eine im Monatsmittel durchschnittliche Temperatur um 27 °C auf. Aber trotzdem sind die Tagesschwankungen der Temperatur beträchtlich und können sogar am Äquator

Regenwald an der Küste von Kamerun

zwischen 13 °C und 18 °C betragen (WALTER & BRECKLE 2004). Im südöstlichen Nigeria, im Grenzbereich zu Kamerun, liegen beispielsweise die maximalen durchschnittlichen Temperaturen zwischen 27 °C und 34 °C und die minimalen zwischen 22 °C und 24 °C. Der durchschnittliche Jahresniederschlag liegt über 3.100 mm (LUISELLI et al. 2007). In vielen Regionen ist ein Teil des ursprünglichen Regenwalds abgeholzt; an seine Stelle traten Nutzpflanzen, wie z. B. die Ölpalme, Sekundärwald oder urbane Regionen.

Zwischen den Regenwäldern in der Elfenbeinküste und Südnigeria liegt allerdings eine trockenere Zone. In Ghana und Togo ist das Klima an der Küste viel trockener, hier liegt die sog. Ghana-Trockenzone (WALTER & BRECKLE 2004; VOLLMERT et al. 2003). Die ghanaische Hauptstadt Accra, die in dieser Trockenzone liegt, hat einen mittleren Jahresniederschlag von nur 800 mm. An die Ghana-Trockenzone schließt sich nordöstlich, von Südost-Togo und Mittel-Benin bis nach West-Nigeria, das Dahomey-Gap an, ein Korridor aus fast waldfreier Savanne (VOLLMERT et al. 2003). Hier beträgt der mittlere Jahresniederschlag bis zu 1.200 mm.

Betrachtet man Karten mit den Fundorten von *L. conraui* von Liberia bis nach Kamerun (z. B. bei TRAPE et al. 2012), so fällt auf, dass diese nie sehr tief im Landesinneren liegen, sondern in einem Band von etwa 200–250 km von der Küste bis ins Landesinnere zu finden sind. Das ist auch schon PASTEUR (1964) mit den damals weniger bekannten Verbreitungspunkten aufgefallen. Und auch der relativ neue Fundort für den bisher einzigen Nachweis von *L. conraui* in Gabun liegt in einem Küstenwald nahe Libreville (Mondah Forest) (PAUWELS et al. 2016).

Lebensräume und Lebensweise

DAS Verbreitungsgebiet von *L. conraui* liegt also vorwiegend im Bereich tropischer, küstennaher Tieflandregenwälder Westafrikas. Die Tiere wurden jedoch nur selten im eigentlichen Regen- oder Sumpfwald gefunden, z. T. aus dem einfachen Grund, dass sie dort schwer zu entdecken sind. *Lygodactylus conraui* ist ein Baumbewohner; AMADI et al. (2017) loka-

Lygodactylus conraui in Takoradi (Ghana)

lisierten die Tiere in Obstplantagen, Gärten, verlassenem Farmland und Sekundärwald in Höhen von 0,8–3,2 m. In höheren Bereichen waren die Tiere aufgrund ihrer geringen Körpergröße nicht mehr verfolgbar. Außerdem verschwindet *L. conraui* wie viele andere baumbewohnende (arboricole) Reptilien bei Störungen sehr schnell aus dem Sichtbereich des Eindringlings.

Lygodactylus conraui besiedelt aber auch offene, trockenere Wälder etwas weiter im Landesinneren. In Ghana fand LEACHÉ (2005) die Art in einem halb-immergrünen Wald etwa 200 km von der ghanaischen Küste entfernt. In der Elfenbeinküste wurde *L. conraui* im feuchten Savannengürtel, der auch etwa 200 km nördlich der Küstenlinie beginnt, gefunden, und zwar ausschließlich auf Rônierpalmen (*Borassus aethiopum*), die in großen Abständen von ca. 100 m zueinander standen (PASTEUR 1964).

Außerdem kommt *L. conraui* nicht nur im Tiefland, sondern auch in höheren Lagen vor, z. B. in Kamerun am Mt. Nlonaka in einer Höhe von 710 m und am Mt. Cameroun sogar in Höhen zwischen 1.500 und 1.800 m (GONWOUO et al. 2007; HERRMANN et al. 2005). Bei weitem am häufigsten wurde *L. conraui* jedoch in vom Menschen veränderten Flächen gefunden, und zwar besonders häufig auf Ölpalmen in Plantagen und auf anderen Bäumen, wie z. B. Kakaobäumen, in landwirt-

Die Ölpalme *Elaeis guineensis* ist heute weltwirtschaftlich gesehen die wichtigste Ölpflanze und wird in riesigen Plantagen hauptsächlich in Indonesien und Malaysia angebaut. Die ursprüngliche Heimat dieser Palme ist allerdings in Regenwäldern West- und Zentralafrikas zu suchen (Fukarek et al. 1995). Möglicherweise ist das mit ein Grund dafür, warum *L. conraui* in solchen Plantagen einen geeigneten Lebensraum finden kann. Ausreichend Schatten- und Eiablageplätze bieten diese dichten, bis zu 30 m hohen Palmen. Und ausreichend Insekten scheinen auch vorhanden zu sein: Auf den Blütenständen in Plantagen in Elfenbeinküste, Benin und Kamerun fanden sich etwa 20 verschiedene Insektenarten, darunter 2-5 mm große Rüsselkäfer aus der Gattung *Elaeidobius*, die zu den Hauptbestäubern der Ölpalme zählen (Mariau et al. 1991; Tuo et al. 2011).

schaftlichen Nutzflächen (Lawson 1993; LeBreton et al. 2003; Leaché 2005). Die Art ist selbst in die Städte eingezogen. In Ghana bewohnt *L. conraui* z. B. Strandmandelbäume in kleinen Küstenstädten wie Takoradi oder Cape Three Points (Röll 2017). Und in Ghanas Hauptstadt Accra besiedelt er kleine Bäume in Gärten, Gartenmauern sowie Bäume auf dem Universitätsgelände im Stadtteil Legon.

In Godomey, in der Region um Cotonou (Benin), wurden die Geckos

Lebensraum von *Lygodactylus conraui* in Accra, der Hauptstadt Ghanas. Hier leben auch Siedleragamen (*Agama agama*), Fressfeinde des kleinen Zwergtaggeckos.

an der Außenwand einer Forschungsstation des International Institutes of Agriculture und dem Africa Rice Center sowie auf Akazien des angrenzenden Parkplatzes gefunden (MANNERS & GEORGEN 2015). Einer der Autoren fand mehrere Male ein Exemplar von *L. conraui* auf seinem Auto; dort blieb der Gecko auch während der Fahrt von der Forschungsstation bis zu seinem Privathaus. Dort lebten ebenfalls Zwergtaggeckos, darunter auch Jungtiere.

In Ibadan (Bundesstaat Oyo State, Nigeria) sitzt *Lygodactylus conraui* als freier Bewohner auf Pfosten im Universitätszoo (DUNGER 1969). In Port Harcourt (Bundesstaat Rivers State) besiedelt die Art angepflanzte Palmen und Gärten sowie Geschäftsgebäude wie einen Verpackungsschuppen in der Nähe der Stadt. AMADI et al. (2017) beobachteten in den Jahren von 1996–2016 insgesamt 108 Exemplare von *L. conraui* in Port Harcourt und in Taabaa. Sie fanden die Tiere hauptsächlich in vom Menschen beeinträchtigten Gebieten mit Sekundärvegetation und sogar an einer mit Palmwedeln gedeckten Lehmhütte, in die sie hineinliefen, um dort Insekten, besonders Termiten, zu erbeuten. Weiter östlich von Port Harcort, in

Lygodactylus conraui **auf Mauern in Accra**

der dicht besiedelten Region um Calabar, Bundesstaat Cross River State, bilden Farmland und ursprünglicher Wald, darunter auch Sumpf- und Mangrovenwald, ein Mosaik. Auch hier wurden die meisten Exemplare von *L. conraui* – nämlich 18 von insgesamt

23 – an vom Menschen veränderten Standorten und in Pflanzungen gefunden (LUISELLI et al. 2007). Im Mangrovenwald und in trockeneren Waldgebieten wurden weniger Geckos gesichtet (5 von 23 Exemplaren). *Lygodactylus conraui* ist in der Regel ein tagaktiver Gecko. LUISELLI et al. (2007) beschreiben die Tiere aus der Region um Calabar als überwiegend „Abend-aktiv" mit einem Aktivitätsmaximum um 19 Uhr. Als aktiv werteten sie Exemplare, die sich sonnten, bewegten oder Nahrung aufnahmen.

Lygodactylus conraui scheint demnach in der Lage zu sein, als Pionier vom Menschen gestörte bzw. abgeholzte und mit Sekundärvegetation erneut bewachsene Gebiete sowie Gärten in städtischen Regionen schnell besiedeln zu können. Aber nur, wenn ausreichend Schattenplätze zur Verfügung stehen! Die meisten Tiere wurden in Port Harcourt und Taabaa in den schattigsten Habitaten beobachtet (ca. 60–70 % Schatten in der Mittagszeit) (AMADI et al. 2017).

Natürliche Feinde

LYGOdactylus conraui hat – schon aufgrund seiner geringen Größe – etliche Fressfeinde. Unter den Wirbeltieren sind es wohl hauptsächlich andere Reptilien. Zu den allgegenwärtigen Feinden gehört die große Siedleragame (*Agama agama*), die im gesamten Verbreitungsgebiet des Zwergtaggeckos vorkommt, auch in den Städten. Die Siedleragame kann mit Hilfe ihrer Krallen leicht an Bäumen und rauen Mauern hochklettern, nicht aber an glatten Flächen wie z. B. gut gestrichenen Hauswänden, Mauern und Laternenpfählen. Hier können sich aber Zwergtaggeckos aufhalten und damit den Räubern z. T. aus dem Weg gehen.

Ein weiterer, nachgewiesener Fressfeind unter den Reptilien ist die baumlebende Blandings Nachtbaumnatter (*Toxicodryas blandingii*) aus der Familie Colubridae (auch bekannt als *Boiga blandingii*). *Lygodactylus conraui* wurde im Magen von subadulten Exemplaren mit einer Kopf-Rumpf-Länge zwischen 80 und 130 cm gefunden (AKANI et al. 1998).

Einer der vielen Fressfeinde von *Lygodactylus conraui*: Siedleragame (*Agama agama*) in Takoradi

Beschreibung

Größe und Gestalt

Lygodactylus conraui gehört zu den kleinsten Vertretern der Gattung *Lygodactylus*: Adulte Männchen und Weibchen haben eine Kopf-Rumpf-Länge (KRL) von 27–31 mm bei einer Gesamtlänge von ca. 6 cm.

Es sind zierliche Geckos mit leicht abgeflachtem Kopf und Körper. Der Schwanz ist drehrund, leicht gewirtelt und kann wie bei vielen anderen Geckos ganz oder teilweise abgeworfen werden (Schwanzautotomie). Der verlorene Teil wird innerhalb von 3–4 Monaten wieder regeneriert, ist dann aber meistens kürzer und etwas dicker als der Originalschwanz.

Jeweils der erste Zeh der Vorder- und Hintergliedmaßen ist stark verkürzt und besteht fast nur aus einer Kralle. Die zweiten bis fünften Zehen haben am Ende ebenfalls Krallen, sind aber davor deutlich verbreitert und weisen hier an ihrer Unterseite weißliche Haftschuppen auf. Die Zehen zwei bis fünf sind unterschiedlich lang; der vierte ist der längste, dieser ist aber nicht in dem Maße verlängert wie bei anderen Vertretern der Gattung *Lygodactylus*. Ein weiteres Haftorgan befindet sich unter der Schwanzspitze, die leicht abgeflacht ist.

Männchen, das sich die Brille putzt

Der Kopf von *L. conraui* ist schmal. Die Augen haben keine beweglichen Augenlider, diese sind zu einer unbeweglichen, durchsichtigen Brille verwachsen. Die Brille wird mit der Zunge gesäubert. Die Augen können wie bei allen Geckos bis zu einem gewissen Grad nach vorne gedreht werden und ermöglichen so ein begrenztes binokulares Gesichtsfeld. Die

WUSSTEN SIE SCHON?

Lygodactylus conraui gehört zu den kleinsten Geckos Afrikas. Vergleichbar klein sind weitere Arten aus der gleichen Gattung, wie *L. grotei* in Ostafrika und *L. bradfieldi* im südlichen Afrika, sowie die ebenfalls tagaktive Art *Narudasia festiva* in Namibia, außerdem nachtaktive Arten aus der Gattung *Tropiocolotes* in Nordafrika.

Pupille ist rund und wird von einer braunen Iris mit hellerem Innenrand eingefasst. In der Verlängerung der Mundspalte liegt die gut sichtbare, runde Ohröffnung.

Färbung und Zeichnung der Tiere aus dem Handel

Die Tiere, die zurzeit im Handel zu bekommen sind, haben die von Tornier beschriebene grüne Grundfärbung, unterscheiden sich aber durchaus im Zeichnungsmuster.

Männchen haben einen leuchtend grünen bis bläulich grünen Körper, oft mit einem grauen Streifen (Lateralstreifen) an den Flanken, einen gelben Kopf und einen gelben Schwanz. Diese Grundfärbung haben alle gemeinsam. Aber das schon von Tornier (1902) beschriebene Ozellenmuster ist ziemlich variabel. Die Ozellen sind in der Regel bläulich weiß und dunkel umrandet. Sie können an den Flanken in einer dorsolateralen Reihe vom Auge bis zur Schwanzwurzel und in einer darunterliegenden, lateralen Reihe zwischen den Ansatzstellen von Vorder- und Hinterbein liegen. Die untere, laterale Reihe kann aber auch fehlen und manchmal ist auch die obere Reihe nicht sehr prominent ausgebildet. Bei einigen Tieren sind nur zwei bis drei Ozellen in der Halsregion vor den Vorderbeinen sehr auffällig, die an den Flanken dagegen nur angedeutet. Es gibt aber auch Tiere, die nicht nur die beiden Ozellenreihen an der Flanke haben: sie haben zusätzlich noch eine dritte Ozellenreihe mittig auf dem Rücken.

Nach vorn blickender *Lygodactylus conraui*

WUSSTEN SIE SCHON?

Lygodactylus conraui hat genau wie andere tagaktive Geckos eine Retina (Netzhaut), die ausschließlich aus Zapfen besteht: Das sind Sehzellen, die für das Tagessehen verantwortlich und – über ihre unterschiedlichen Sehfarbstoffe – die Voraussetzung für die Wahrnehmung von Farben sind.

Lygodactylus conraui mit mittig auf dem Rücken liegender Ozellenreihe

Viele adulte Männchen weisen kleine schwarze Punkte oder auch größere schwarze Flecken auf dem Kopf auf, manche haben zusätzlich feine, schwarze Flecken zwischen den Ozellen an den Flanken, und manche haben feine schwarze Punkte auf dem Schwanz.

Leuchtend grün bis hin zu türkisfarben ist die Prachtfärbung! Bei Stress oder Ärger wird das Männchen dunkler: Kopf und Körper werden dunkelgrün, der Schwanz nimmt eine schmutzig gelbe Färbung an, und an den Flanken zeigt sich zum Bauch hin ein bräunlich grauer Lateralstreifen. Die Ozellen sind dann fast nicht mehr zu sehen. Aber die weißen Punkte auf den Füßen bleiben erhalten.

Bei den Weibchen sind Kopf und Körper grün bis auf den graubräunlichen Lateralstreifen, der bei der Prachtfärbung auch hellgrau sein kann. Die Ozellenreihen sind gut zu erkennen. Der Schwanz ist gelblich. Weibchen sind nicht

Männchen in Ärgerfärbung

Verärgertes, braun gefärbtes Weibchen

so leuchtend grün wie die Männchen, und sie sind nie türkisfarben. Wenn sie sehr verärgert sind, nehmen sie eine bräunliche Färbung an, weshalb schon vermutet wurde, diese Tiere könnten zu einer anderen Art gehören (TRAPE et al. 2012).

Bei beiden Geschlechtern sind die Gliedmaßen grünlich bis grau und haben neben einigen schwarzen Punkten auffällige weiße Tupfen. Weiterhin haben sowohl Männchen als auch Weibchen einen Streifen aus dunkel bis schwarz gefärbten Schup-

Männchen in Prachtfärbung; dieser Gecko hat nur wenige angedeutete Ozellen

Weibchen in Prachtfärbung

pen am hinteren Rand des Oberschenkels.

Männchen und Weibchen haben also eine helle Prachtfärbung, die – je nach Ärgerzustand – dunkel wird. Aber diese Ärgerfärbung hält nicht lange an. Die Tiere werden meistens nach ca. 10–20 Minuten wieder hell. Anscheinend können sie die dunkle Färbung nicht lange beibehalten. Das könnte der Grund dafür sein, dass Tiere, die z. B. in Transportdosen sitzen, in der Regel trotzdem ihre helle Prachtfärbung zeigen.

Dunkel gefärbte Schuppen am hinteren Rand des Oberschenkels

Im Vergleich mit der Oberseite ist die Unterseite von *L. conraui* wenig spektakulär. Die Kehle ist größtenteils weiß, die Unterlippenschilde (Sublabialia) können am äußeren Rand je nach Stimmung leicht gelb oder grün bis dunkel punktiert sein. Der Bauch ist weiß oder gelblich. Die Schwanzunterseite ist weiß bis beigefarben, manchmal auch gelblich, bei jungen Tieren orange bis rötlich und kann schwarze Flecken haben. Bei adulten Männchen sind die Schuppen des Pseudo-Escutcheons im Präkloakalbereich gelb (s. Kapitel Kloakalbereich).

Färbung und Zeichnung von Tieren unterschiedlicher Herkunft

Wie sehen nun Tiere aus den unterschiedlichen Regionen ihres Verbreitungsgebietes aus? Dazu findet man einige Angaben in der Literatur, und hier stellt man fest, dass oft Färbung und Zeichnung nur von Männchen, nicht aber von Weibchen beschrieben werden; in vielen Fällen wird das Geschlecht gar nicht oder manchmal falsch angegeben.

Die oben beschriebenen Zeichnungsvarietäten der Tiere aus dem Handel findet man bei Tieren aus Nigeria, Kamerun und Bioko (Dunger 1969; Pasteur 1965; Perret 1963; Trape et al. 2012). Aus Kamerun sind jedoch auch Geckos mit abweichenden Zeichnungen bekannt. Und zwar kann der Kopf nicht nur wenige schwarze Flecken aufweisen, sondern auch eine auffällige, schwarze „Würmelung" (Flecken und kurze, gewellte Streifen) haben (Pasteur 1965; Chirio & LeBreton 2007). Diese Farbvariante wurde am Petit Mt. Cameroun, einem Nebengipfel am südlichen Hang des Mt. Cameroun, gefunden. Am Mt. Nlonako, einem weiteren Vulkan im Südwesten Kameruns, wurde ein Exemplar mit einem schwarzen Würmelmuster auf Kopf und Rücken gefunden (Herrmann et al. 2005; mdl. Mittlg. W. Böhme). Und natürlich wurde auch noch ein Gecko gefunden, der nur einen schwarz gewürmelten Rücken hat, und zwar in Campo, an der Grenze zu Äquatorialguinea (I. Ineich, mdl. Mittlg.).

Wie die Tiere aus anderen Bereichen ihres Verbreitungsgebiets aussehen, dazu findet man in der Literatur nur vereinzelte Informationen. Geckos aus Liberia sollen grün sein und Ozellen aufweisen (Pasteur 1965). Tieren aus der

Männchen mit markanter Kopfzeichnung

Elfenbeinküste sollen nach PERRET (1963) die lateral gelegenen Ozellenreihen fehlen. Aber TRAPE et al. (2012) bilden ein Foto ab, auf dem ein brauner *L. conraui* aus der Elfenbeinküste – offensichtlich ein gestresstes Weibchen – von dorsal abgebildet ist und bei dem eindeutig die obere Ozellenreihe erkennbar ist.

Das Aussehen von Tieren aus Ghana ist besser dokumentiert. Sie haben keine leuchtend grüne Grundfärbung, sondern eher eine leicht grünliche bis beigefarbene. Sie besitzen zwei Ozellenreihen, die dorsolaterale und die laterale. Zusätzlich liegen weitere Ozellen zwischen den Längsreihen und mittig in einer Reihe auf dem Rücken. Der markante dunkle Streifen am hinteren Oberschenkelrand ist ebenfalls vorhanden. Auch die ghanaischen *L. conraui* werden im Ärgerzustand dunkler, dann kann man die Ozellen fast nicht mehr erkennen (RÖLL 2018).

Über *L. conraui* aus Togo oder Benin ist sehr wenig bekannt. Die ersten Nachweise für diese Länder stammen von BAUER et al. (2006). Aber wie die Tiere aussehen, darüber findet man keine Informationen – nur, dass sich die Tiere aus Togo und Benin voneinander unterscheiden, anhand ihrer Schuppenmerkmale aber *L. conraui* zuzuordnen sind. In der Arbeit von MANNERS & GEORGEN (2015) finden sich zwei Fotos von *L. conraui* aus Benin: eines offensichtlich von einem Jungtier und eines von einem hellen, leicht grünlichen Tier mit relativ großen Ozellen an der Flanke. Dieses Tier gleicht damit den Tieren aus Ghana.

Der bisher südlichste nachgewiesene Verbreitungspunkt liegt in Gabun, in der Estuaire Province, die an Äquatorialguinea grenzt

Lygodactylus conraui **aus Ghana mit unregelmäßig angeordneten Ozellen zwischen den Reihen**

(PAUWELS et al. 2016). Das dort im Jahr 2012 gefundene Tier wird als leuchtend grün beschrieben. Angaben über eine eventuelle Zeichnung gibt es nicht.

Dunkel gefärbte Schuppen am hinteren Oberschenkelrand bei einem Tier aus Ghana

Kurz zusammengefasst: Leuchtend grüne *L. conraui* mit verschiedenen dunklen Zeichnungen sind aus Kamerun, Nigeria, Gabun und Elfenbeinküste bekannt. Das sind die Länder mit tropischem Regenwald. Exemplare aus Ghana und anscheinend auch aus Benin sind höchstens leicht grünlich bis beigefarben, sie stammen aus den Ländern mit den trockeneren Zonen.

Wie man sieht, ist *Lygodactylus conraui* also sehr variabel in seiner Zeichnung. Aber all diese Varianten haben ein paar Zeichnungsmerkmale gemeinsam: 1. mehr oder weniger auffällige Ozellen an den Flanken, 2. helle oder weiße Punkte auf den Beinen, besonders auffällig auf den Hinterbeinen; 3. einen Streifen aus dunkel gefärbten Schuppen am hinteren Rand des Oberschenkels.

WUSSTEN SIE SCHON?

Und woher stammen nun die Tiere, die jetzt im Handel erhältlich sind? Ihre Färbung weist nach Kamerun oder Nigeria. Nach VAN DEN BERGHE & MUDDE (2017) wurden Tiere aus Kamerun in die Niederlande importiert. Und auch einige hiesige Händler geben Kamerun als Herkunftsland an. Im Internet wird als Herkunft meist nur Westafrika genannt.
In den 1970er-Jahren wurde *L. conraui* schon einmal in europäischen Terrarien gehalten (VAN EIJSDEN 1978). Damals stammten die Tiere aus dem Nigerdelta, in dem auch Port Harcourt liegt. Nach über 30 Jahren traten dann erneut Tiere im Handel auf, die aus Tansania stammen sollten, was - sicher zu Recht - angezweifelt wurde (HOFMANN 2011).

WUSSTEN SIE SCHON?

Die äußerste Schicht der Schuppen – das Stratum corneum – besteht wie bei allen squamaten Reptilien aus verhornten, abgestorbenen Zellen und damit fast nur noch aus Keratin. Diese Schicht wird in regelmäßigen Abständen durch eine Häutung erneuert. Auch die äußerste Schicht der Brille wird gehäutet. Zwergtaggeckos häuten sich alle 5-6 Wochen, Jungtiere während der Wachstumsphase in kürzeren Intervallen von 3-4 Wochen. Kurz vor einer Häutung ist die Haut nicht mehr so leuchtend gefärbt, sondern bekommt aufgrund des Ablösevorgangs der obersten Schicht einen leicht gräulichen Schimmer. Die Häutung bei *L. conraui* läuft sehr schnell ab, meistens bemerkt man es gar nicht, sondern findet nur ein paar Häutungsreste, die nicht aufgefressen wurden.

Schuppenmerkmale

Lygodactylus conraui hat auf dem Rücken kleine, granuläre und auf der Bauchseite etwas größere, sich dachziegelartig überlappende Schuppen. Das ist bei fast allen *Lygodactylus*-Arten der Fall. Für die Taxonomie von besonderem Interesse sind Schuppen auf dem Kopf um Schnauze und Nase, auf der Kehle, unter den Zehen und unter dem Schwanz.

Kopf

Bei Conraus Zwergtagggecko befindet sich das Nasenloch über der Naht zwischen dem Rostrale

Taxonomisch wichtige Schuppen

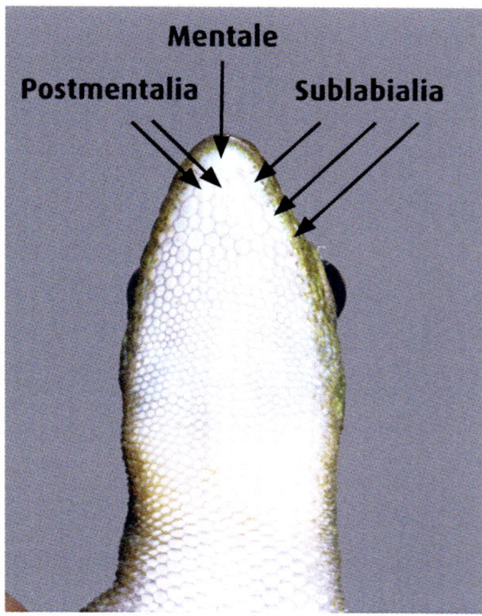

Kehle eines Männchens. Die Sublabialia sind am äußeren Rand gelb punktiert.

und dem ersten Supralabiale. Es sind zwei auffällig große Nasorostrale vorhanden, dazwischen

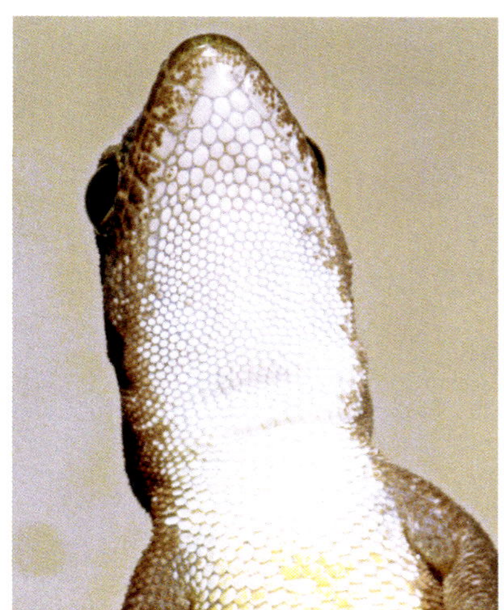

Kehle eines verärgerten Weibchens aus Ghana: Die Sublabialia haben am Rand dunkle Flecken.

BEZEICHNUNG EINIGER WICHTIGER, GRÖSSERER SCHUPPEN (SCHILDE):

Rostrale - Schnauzenschild
Nasale - Nasenschild
Nasorostrale - Nasenschnauzenschild
Internasale - Zwischennasenschild
Supralabiale - Oberlippenschild
Mentale - Kinnschild
Postmentale - Hinterkinnschild
Sublabiale - Unterlippenschild
Subcaudalia - Schuppen der Schwanzunterseite

zwei oder drei Internasalia. Das Mentale ist ungeteilt, weist also keine Nähte auf. Weiterhin liegen zwei oder drei Postmentalia vor, die unterschiedlich oder gleich groß sein können. Die Anzahl der Supra- sowie auch der Sublabialia variiert zwischen sechs und acht.

Zehen

Die zweiten bis fünften Zehen der Vorderbeine haben an ihrer Unterseite fünf paarig angeordnete, mit Haftborsten besetzte Haftschuppen, die mittig deutlich durch eine Furche getrennt sind. Auf die paarig angeordneten Haftschuppen folgen dann ein bis mehrere verbreiterte Schuppen. Die vierten und fünften Zehen der Hinterbeinen haben 5–6 paarig angeordnete Haftschuppen. Alle Zehen enden mit einer Kralle.

WUSSTEN SIE SCHON?

Auch Geckos haben einen Tastsinn! Und besonders tastempfindlich sind die Zehen. Diese haben auf der Schuppenoberfläche und besonders an den Schuppenrändern mikroskopisch kleine Tastsensillen, die ein bis mehrere Tastborsten tragen. Die Borsten melden Berührungen an die unter dem Sensillum liegenden Nervenendigungen. Außerdem haben die Zehen noch Tastkörperchen, die druck- und vielleicht auch vibrationsempfindlich sind. Sie liegen aber nicht auf der Schuppenoberfläche, sondern in der Epidermis oder noch darunter in der Dermis. Sie bestehen aus freien oder mit Lamellen umwickelten Nervenendigungen (lamellierte Tastkörperchen). Unter den tagaktiven Geckos wurden diese bei Vertretern der Gattungen *Sphaerodactylus* und *Phelsuma* und für die Gattung *Lygodactylus* ausgerechnet bei *L. conraui* nachgewiesen (HILLER 1977; RÖLL 1995).

Unterseite eines Hinterfußes

Schwanz

Der leicht gewirtelte Schwanz (8–10 Schuppenreihen pro Wirtel) weist auf der Oberseite granuläre Schuppen und auf der Unterseite eine Reihe quer verbreiterer Subcaudalia auf. Das Haftorgan unter der Schwanzspitze besteht aus fünf bis sieben deutlichen Haftschuppenpaaren, danach folgen kleinere Schuppen, die auch noch Haftborsten tragen können und deshalb weißlich aussehen. Bei einem regenerierten Schwanz besteht das Haftorgan nur aus wenigen, unregelmäßig angeordneten, kleinen Haftschuppen.

Schwanzunterseite mit quer verbreiterten Subcaudalia und Haftorgan unter der Schwanzspitze

Regenerierte Schwanzspitze mit nur wenigen Haftschuppen

> **WUSSTEN SIE SCHON?**
>
> Das Haftorgan unter der Schwanzspitze wird auch als caudales Haftorgan bezeichnet nach dem lateinischen Wort „cauda" für Schwanz. Es wurde 1899 von Tornier entdeckt, und zwar bei *Lygodactylus picturatus*. Bei der Erstbeschreibung von *L. conraui* erwähnt Tornier das Haftorgan allerdings nicht.

Kloakalbereich

Auf der Unterseite der Zwergtaggeckos findet sich auf der Höhe des unteren Randes der Oberschenkel die Kloakalspalte. Dahinter liegt die Kloake, in die Darm und ableitende Gänge von Nieren und Gonaden (Keimdrüsen: Ovar bzw. Hoden) münden. Bei adulten Männchen von *L. conraui* liegen in einer geraden oder leicht bogenförmigen Reihe in der Regel vier, selten fünf Kloakalporen. Die Schuppenreihe mit diesen Poren liegt nahezu mittig zwischen den Oberschenkeln und ist nur durch wenige Schuppenreihen vom Kloakalspalt getrennt. Die Poren sind Ausgänge von Drüsen, die in der Haut liegen und ein wachsartiges Sekret bilden, das nach außen abgeben wird und dessen Duftstoffe wohl hauptsächlich als Signale für Artgenossen dienen. Das Sekret ist bei geschlechtsreifen Männchen von *L. conraui* grau oder bräunlich und in den großen Poren leicht zu erkennen. Bei jungen Männchen sind die Poren kleiner und enthalten weniger Sekretmaterial.

Männchen weisen weiterhin ein Pseudo-Escutcheon auf: Das sind gelbe, etwas glänzende, manchmal verdickte Schuppen, die unter der Epidermis (obere Schicht der Haut) je ein kleine Drüse ausbilden. Die Schuppen

Kloakalbereich eines Männchens mit vier großen Präkloakalporen, gelb gefärbten Schuppen des Pseudo-Escutcheons und Hemipenestaschen

Kloakalbereich eines Weibchens

des Pseudo-Escutcheons werden auch einfach als modifizierte Schuppen oder komplizierter als modifizierte Präkloakal-Femoral-Schuppen bezeichnet, da sie sowohl vor der Kloake als auch an den Innenseiten der Oberschenkel, des Femurs, auftreten. Diese modifizierten Schuppen sind bei *L. conraui* oberhalb der Schuppen mit den Präkloakalporen in einem annähernd dreieckigen Bereich zu finden und zusätzlich in 2–3 Reihen auf den Innenseiten der Oberschenkel. Männliche Jungtiere bilden meistens zuerst die Poren aus, danach die modifizierten Schuppen.

Die paarigen Kopulationsorgane der Männchen, die Hemipenes (Singular Hemipenis), liegen eingezogen in taschenartigen Erweiterungen – den Hemipenistaschen – in der Schwanzwurzel. Diese Taschen kann man von außen an der leichten Verdickung der Schwanzwurzel mehr oder weniger gut erkennen, am einfachsten im Vergleich mit dem Kloakalbereich eines Weibchens. Im Kloakalbereich der Weibchen findet man auch eine Reihe aus leicht vergrößerten, hellen Schuppen. Diese haben jedoch keine Poren, sondern höchstens kleine, dunkle Punkte. Ein Pseudo-Escutcheon fehlt den Weibchen völlig.

Gesetzliche Bestimmungen

BISHER unterliegt nur eine Art der Gattung *Lygodactylus*, nämlich der Türkisblaue Zwergtaggecko (*L. williamsi*), dem Washingtoner Artenschutzabkommen (WA) und damit auch der EU-Artenschutzverordnung. Dies ist ein internationales Abkommen, das auch als CITES (Convention on International Trade in Endangered Species of Wild Fauna and Flora) bezeichnet wird und den Handel mit bedrohten Tier- und Pflanzenarten sowie deren Produkten begrenzen und regulieren soll.

Alle anderen Arten aus der Gattung, und damit auch *L. conraui*, unterliegen zurzeit weder dem WA noch dem Artenschutzrecht in Europa. Besitz und Abgabe von *L. conraui* sind also derzeit nicht anzeigepflichtig.

In der Internationalen Roten Liste gefährdeter Tier- und Pflanzenarten ist *L. conraui* ebenfalls nicht aufgeführt. Diese Liste wird von der IUCN (International Union for Conservation of Nature and Natural Resources), einer internationalen Nichtregierungsorganisation, geführt.

Wie alle Wirbeltiere unterliegt *L. conraui* in Deutschland dem Tierschutzrecht. Das Tierschutzgesetz verlangt, dass der Halter eines Tiers „über die für eine angemessene Ernährung Pflege und verhaltensgerechte Unterbringung des Tieres erforderlichen Kenntnisse und Fähigkeiten verfügen" muss. Dies kann man – bislang für den Privathalter freiwillig – mit dem „Sachkundenachweis" belegen, der sich an den für die Tierhaltung zuständigen Rechtsvorschriften (Tierschutzgesetz, Artenschutz) orientiert. Wer

WUSSTEN SIE SCHON?

Lygodactylus conraui ist wie die meisten Reptilien ein ektothermes Tier und bezieht seine Körperwärme vor allem aus der Umgebung (ektos gr.: außen, thermos gr.: warm). Ektotherme Tiere können also nicht wie Säugetiere oder Vögel ihre Körpertemperatur unabhängig von der Umgebungstemperatur durch eine körpereigene Wärmebildung konstant halten. Das bedeutet aber nicht, dass ihre Körpertemperatur einfach mit der Außentemperatur schwankt. Sie regulieren ihre Körpertemperatur durch thermoregulatorisches Verhalten: Zur Erhöhung ihrer Körpertemperatur suchen sie z. B. sonnenerwärmte Plätze auf, zur Erniedrigung ihrer Körpertemperatur begeben sie sich an schattige, kühlere Plätze Dadurch ist auch *L. conraui* in der Lage, während der Aktivitätszeit die Körpertemperatur auf einen ziemlich konstanten Wert einzuregulieren.

ihn erlangen möchte, kann sich bei verschiedenen Institutionen für die entsprechenden Schulungen und Prüfungen anmelden, z. B. bei der DGHT (Deutsche Gesellschaft für Herpetologie und Terrarienkunde), beim VDA (Verband Deutscher Vereine für Aquarien- und Terrarienkunde e.V.) und bei der ViVe (Vivaristische Vereinigung e.V.).
Unter welchen Mindestbedingungen Reptilien gehalten werden sollen, hat das Bundesministerium für Verbraucherschutz, Ernährung und Landwirtschaft in einem „Gutachten über Mindestanforderungen an die Haltung von Reptilien" vom 10. Januar 1997 festgelegt (s. Kapitel Größe des Terrariums und Tierbesatz). Die Vorgaben dieses Gutachtens sind insoweit verbindlich, als Gerichte oder Behörden sie im Streitfall heranziehen können; die darin genannten Maße sollten nicht unterschritten werden. Das Gutachten ist jetzt mehr als 24 Jahre alt und wird zurzeit überarbeitet.

Erwerb, Transport und Quarantäne

LYGOdactylus conraui wird zurzeit mehr oder regelmäßig auf Terrarienbörsen und manchmal auch im Zoofachhandel angeboten. Man kann davon ausgehen, dass es sich hier oft um Wildfänge handelt. Angebote von nachgezüchteten Tieren findet man im Internet in den einschlägigen Foren oder auf kleineren Treffen von Terrarianern und Herpetologen, wie z. B. der „Geckotagung".
Vorteilhaft ist ein direkter Kontakt zum Züchter, um möglichst viele Informationen über die Tiere und ihre Haltung zu bekommen. Nachzuchttiere sind in der Regel in guter Verfassung und haben keine Parasiten. Gesunde Zwergtaggeckos – soweit man das von außen beurteilen kann – weisen keine äußeren Verletzungen, keine Häutungsreste und keine Außenparasiten wie z. B. Milben auf, Wirbelsäule und Beckenknochen bohren sich nicht durch die Haut, Gliedmaßen und Schwanz sind muskulös, und der Schwanz ist nicht mit Knicken versehen. Weiterhin sollten die Geckos lebhaft und aufmerksam sein und nicht apathisch wirken.
Geckos und auch alle anderen Reptilien müssen bei Transporten sowohl vor Kälte als auch vor großer Hitze geschützt werden. Zum Transport kann *L. conraui*

aufgrund seiner geringen Größe in sog. Grillen- oder Heimchendosen mit etwas Küchenpapier gesetzt werden. Diese Dosen lassen sich gut in einer Styroporkiste (auch Picknick-Taschen mit Styroporwänden) stapeln. Allerdings sollten die Dosen kippsicher untergebracht werden.

Bei sehr warmer Witterung kann man einfach kaltes Wasser in Plastikflaschen zur Kühlung verwenden. Bei kalter Witterung füllt man eine Wärmflasche mit warmem Wasser und gibt diese mit in die Styroporkiste. Das hält nur ein paar Stunden, danach muss man das warme Wasser erneuern. Benötigt man für längere Zeit Wärme, so bieten sich Wärmekissen an, „Heat Packs" von Aqua Pack oder Uniheat.

Diese Kissen enthalten ein ungiftiges Material, das sich bei Kontakt mit Luftsauerstoff erwärmt. Die erreichte Temperatur im Kissen geht nicht über 65 °C hinaus. Vorsichtshalber sollte man das Wärmekissen einfach ohne Tiere in die Styroporkiste legen und nach 15–20 Minuten die Temperatur kontrollieren. Die Wärme wird über einen längeren Zeitraum abgegeben, verschiedene Ausführungen bieten eine Wärmedauer von 20–96 Stunden. Die Temperatur in der Transporttasche sollte nicht unter 25 °C und nicht über 30 °C liegen.

Bei neu erworbenen Wildfangtieren besteht die Gefahr, mit Parasiten belastetete Tiere zu bekommen. Neben Ektoparasiten (Außenparasiten), die man relativ schnell feststellen kann, können die Tiere auch unter Endoparasiten (Innenparasiten) leiden, die man von außen nicht sieht. Bei Nachzuchttieren ist das Risiko von Infektionen geringer als bei Wildfängen, aber auch bei ihnen besteht ein Restrisiko möglicher Infektionen mit Parasiten von an-

„Heat Pack": ein im Fachhandel erhältliches Wärmekissen

deren, in der gleichen Terrarienanlage gehaltenen Reptilien.

Daher ist es angebracht, alle neu erworbenen Geckos (Wildfänge und Nachzuchttiere) aus Sicherheitsgründen zunächst in Quarantäne zu halten.

Ein Quarantäneterrarium soll sich leicht reinigen und desinfizieren lassen. Nach der Einwirkzeit muss das Desinfektionsmittel durch ausgiebiges Spülen mit heißem Wasser restlos entfernt werden, da Desinfektionsmittel eine toxische (giftige) Wirkung auf Reptilien haben können. Ein solches Terrarium wird zweckmäßig und übersichtlich – also z. B. nur mit wenigen Ästen, Korkeichenröhren, aber auch mindestens einer Pflanze im Blumentopf – eingerichtet. Denn auch im Quarantänebecken sollte jedes Tier einen Schattenplatz und ein Versteck für sich finden können. Der Bodengrund kann aus Küchenpapier oder auch aus sauberem Sand bestehen; beide Materialien lassen sich leicht austauschen. Wärmequellen und Beleuchtung entsprechen denen normaler Terrarien. Die Insassen werden in der gleichen Weise mit Futterinsekten und Wasser versorgt wie etablierte Pfleglinge. Zeigen die Tiere nach einer Quarantänezeit von 5–6 Wochen keinerlei Krankheitsanzeichen, können sie ihr endgültiges Terrarium beziehen.

Größe des Terrariums und Tierbesatz

DIE Mindestgröße der Terrarien sollte dem „Gutachten über Mindestanforderungen an die Haltung von Reptilien" von 1997 entsprechen. Dort ist für die Rubrik „tagaktive Arten (*Phelsuma*, *Lygodactylus*, *Gonatodes*) als Baum-, Busch- und Pflanzenbewohner" ein Mindestmaß von 6 × 6 × 8 (Breite × Tiefe × Höhe) angegeben. Diese Angaben müssen jeweils mit der Kopf-Rumpf-Länge der Tiere in cm multipliziert werden. Sie gelten für ein Männchen und ein Weibchen; für jeden weiteren Gecko werden 15 % der Grundfläche für zwei Tiere addiert. Diese Angaben sind als Mindestangaben zu verstehen; selbstverständlich können die Terrarien größer sein!

Wenn man für die Berechnung der Mindestgröße die maximale Kopf-Rumpf-Länge von *L. conraui* mit 3,1 cm zugrunde legt, ergibt sich nach den Richtlinien für die

Haltung von zwei Geckos eine Terrariengröße von – aufgerundet – mindestens 19 × 19 × 25 cm. Das ist sehr klein. Ich halte Mindestmaße ab 25–30 × 30 × 40 cm für geeigneter.

Eine erfolgreiche Haltung hängt nicht allein von der Größe des Behälters ab. Viel wichtiger ist dessen Strukturierung, die die Grundbedürfnisse der Geckos berücksichtigen soll. Zu den Grundbedürfnissen – neben Futter und Wasser – können gehören: geeignete Aufenthaltsplätze wie Schatten- und Sonnenplätze; Verstecke, um von außen mehr oder weniger ungesehen zu bleiben oder um Artgenossen zeitweise zu entgehen; Schlafplätze (oft identisch mit den Verstecken); Ei-Ablagestellen für Weibchen und – im Terrarium meist nicht notwendig – Schutz vor Feinden. Wenn man *L. conraui* unbedingt züchten möchte, dann kann ein großes Terrarium durchaus nachteilig sein: Man findet weder die Eier noch die Jungtiere. Und wenn Jungtiere aus gut versteckten Gelegen schlüpfen und sie im Terrarium gesichtet werden, ist es schwierig, diese herauszufangen, ohne einen Großteil der Einrichtung zu entfernen.

Platzsparend arrangierte Terrarien mit den Maßen 30 × 30 × 40 cm bzw. 25 × 30 × 40 cm

Dicht bepflanztes Terrarium mit den Maßen 50 × 50 × 75 cm

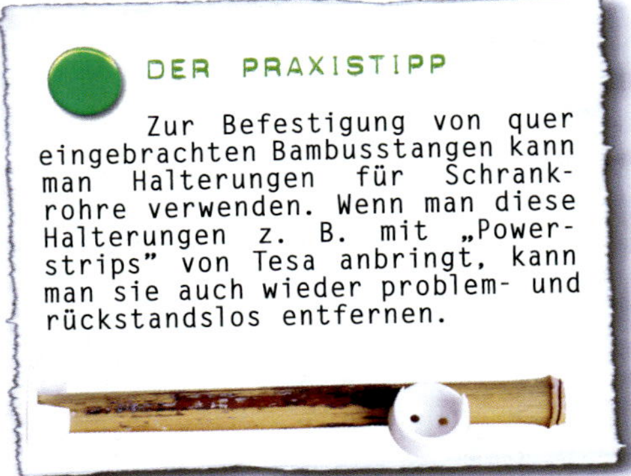

DER PRAXISTIPP

Zur Befestigung von quer eingebrachten Bambusstangen kann man Halterungen für Schrankrohre verwenden. Wenn man diese Halterungen z. B. mit „Powerstrips" von Tesa anbringt, kann man sie auch wieder problem- und rückstandslos entfernen.

Ebenso wichtig wie die Strukturierung des Terrariums ist der Besatz mit Tieren. Über die Sozialstruktur von *L. conraui* im Freiland ist so gut wie nichts bekannt. Jedoch besetzen bei vielen *Lygodactylus*-Arten die Männchen Reviere, sie sind also territorial und damit untereinander unverträglich. Man kann davon ausgehen, dass das auch bei *L. conraui* der Fall ist. Auch Weibchen der Zwergtaggeckos vertragen sich oftmals nicht. Meistens ist eines der Weibchen dominant und unterdrückt die anderen. Daher sollte ein Terrarium – unabhängig von der Größe – am besten nur jeweils ein Paar beherbergen. Von einer Vergesellschaftung mit anderen Reptilienarten kann ich nur abraten, da unterschiedliche Aktivitätszeiten der Tiere sowie Konkurrenz um Futter und Eiablageplätze auf Dauer vermehrt zu Stresssituationen führen. Weiterhin erschwert ein hoher Tierbesatz – auch in entsprechend größeren Terrarien – den Überblick über den Gesundheitszustand aller Terrarieninsassen.

Die Terrarien sollten mindestens zwei Lüftungsflächen aus feinmaschiger Drahtgaze haben. Eine gute Durchlüftung ist bei nebeneinanderstehenden Terrarien gewährleistet, wenn sich z. B. eine große Lüftungsfläche an der hinteren oder vorderen Seite und eine zweite Lüftungsfläche mittig auf der Oberseite befinden. Bei freistehenden Terrarien können auch beide Seitenflächen und die Oberseite aus Gaze bestehen. Dann kann man zusätzlich die Lüftungsflächen noch mit herausnehmbaren Schiebescheiben versehen und die Belüftung je nach Bedarf regulieren.

Die Türen des Terrariums – Schwingtüren oder Schiebescheiben an der Vorderseite – müssen möglichst dicht schließen, um ein Entweichen kleiner Futtertiere zu vermeiden. Einem Entweichen der Geckos beim Öffnen der Tür kann man durch das Anbringen einer schmalen Glasquerleiste oben an der Vorderseite des Terrariums zuvorkommen.

Einrichtung

DIE Einrichtung der Terrarien soll der Lebensweise der Bewohner angepasst sein. Wenn man die verschiedenen Lebensräume (Habitate) von *L. conraui* betrachtet, kann man schlussfolgern, dass die Art nicht zu den Spezialisten, sondern eher zu den Generalisten bezüglich ihrer Habitatansprüche gehört und durchaus anpassungsfähig ist. Da *L. conraui* ein Baumbewohner ist, sollte man dafür sorgen, dass im Terrarium viele vertikale Laufflächen wie z. B. Äste, Korkeichenröhren, Bambusstangen und groß- oder vielblättrige Pflanzen für die Geckos bereitstehen. Zur Schaffung von Sonnenplätzen bringt man einen Ast oder eine Bambusstange quer im oberen Bereich des Terrariums ein.

Auswahl an für das Terrarium geeigneten Pflanzen

Mit Hilfe von Pflanzen entstehen Schattenplätze, die *L. conraui* auch im Freiland nutzt. Zur Bepflanzung eignen sich z. B. *Dracaena*, *Sansevieria* (Bogenhanf), *Epipremnum* (Efeutute) und *Chlorophytum* (Grünlilie) sowie *Philodendron* oder *Tradescantia* als bodendeckende Pflanzen. Am besten setzt man sie in Blumentöpfen mit ständig feucht gehaltener Erde in das Terrarium.

Als Bodengrund eignet sich eine 2–3 cm tiefe Schicht aus Sand, Sand-Blumenerde-Gemisch (Verhältnis 1 : 1) oder Sand-Kokoshumus-Gemisch. In einem solchen Bodengrund finden Futtertiere kaum Versteckmöglichkeiten.

Pflegearbeiten

AUCH ein noch so großes Terrarium stellt nur einen kleinen Lebensraum dar, weshalb man unbedingt auf hygienische Verhältnisse achten muss. *Lygodactylus conraui* klebt seinen Kot wie viele andere Geckos auch an Äste, Blätter, Terrarienscheiben und Lüftungsdrahtgaze. Oft lassen die Geckos den Kot einfach nach unten fallen. Da er eine Quelle der verschiedensten Krankheitserreger sein kann, sollte man den leicht erreichbaren Kot mindestens einmal pro Woche sowohl aus dem Bodengrund als auch von den Ästen und Pflanzen entfernen. In größeren Zeitabständen (z. B. ein- bis zweimal im Jahr) werden das gesamte Terrarium sowie alle Einrichtungsgegenstände – nach Herausfangen der Bewohner – gesäubert (z. B. unter heißem Wasser mit Hilfe einer Bürste abgewaschen); der Bodengrund kann vollständig erneuert werden. Auch die Pflanzen können bei dieser Gelegenheit erneuert werden. Hierfür kann man schon vorher Ableger heranziehen und in neue Töpfe pflanzen.

Beheizung

ZUR Beheizung eignen sich Heizmatten (z. B. Thermolux), die direkt unter den Terrarien liegen. Es gibt auch (kostengünstigere) Heizmatten, die unter das Terrarium geklebt werden; diese lassen sich jedoch bei Umorganisation der Terrarienanlage nur schlecht oder gar nicht wieder entfernen. Die Wattzahl der Heiz-

matten hängt von deren Größe ab. Bei Terrarien mit einer Tiefe von 30 cm eignen sich Heizmatten der Größe 50 × 30 cm (30 Watt) bzw. 70 × 30 cm (35 Watt). Es können mehrere Terrarien auf einer Heizmatte stehen, und es muss auch nicht unbedingt die gesamte Grundfläche des Terrariums auf der Heizmatte stehen, zwei Drittel reichen auch. Als zusätzliche lokale Wärmequellen oder auch als Ersatz für eine Wärmematte kann man Wärmespots oder Wärmestrahler einsetzen, wofür sich Reflektorbirnen oder auch Halogenstrahler mit 25 oder 35 Watt – je nach Terrarienhöhe – eignen. Wärmestrahler können in eine Terrarienabdeckung mit eingebaut sein oder auch als einzeln stehende Lampe über der Drahtgaze montiert sein.

Die Heizzeit der Matten sowie des Wärmestrahlers ist abhängig davon, welche Temperatur im Terrarium vorherrschen soll. Für *L. conraui* wird die Heizdauer so eingestellt, dass sich der Bodengrund mittags zwischen 14.00 und 16.00 Uhr auf ca. 30–32 °C aufheizt. Die Lufttemperatur ist dann – je nach Höhe der Terrarien – niedriger und sollte zwischen 26 und 28 °C liegen. Der Wärmestrahler wird vormittags und noch einmal während der Mittags- oder frühen Nachmittagszeit für etwa 1–2 Stunden zugeschaltet. So wird lokal unter dem Strahler und zeitweise eine Temperatur von 30–32 °C erreicht. Auf diese Weise entstehen im Terrarium unterschiedliche Temperaturen, zwischen denen die Geckos

DER PRAXISTIPP

Es ist nicht einfach, *L. conraui* zu fangen! Am besten geht das morgens, wenn die Beheizung noch nicht eingeschaltet ist und die Tiere noch nicht ihre volle Aktivität erreicht haben. Auf keinen Fall sollte man das Terrarium völlig leerräumen, sondern man sollte einige Korkeichenröhren oder Bambusstäbe als Versteckmöglichkeit übriglassen. Wenn sich die Zwergtaggeckos durch das Hantieren gestört fühlen, werden sie versuchen, sich hinter diese Röhren bzw. Bambusstäbe zu flüchten. Flüchten sie sich in die Korkeichenröhren, kann man diese ganz vorsichtig und langsam aus dem Terrarium entfernen und die ganze Röhre in ein bereit gelegtes großes Netz (z. B. Insektennetz) geben. Dieses verschließt man, gibt dem Gecko Zeit, die Röhre zu verlassen, und kann ihn dann noch im Netz mit einer Heimchendose fangen. Alternativ kann man auch versuchen, die Tiere im Terrarium mit langsamen, ruhigen Bewegungen einzeln in Heimchendosen zu bugsieren. Wenn man schließlich noch ein bisschen Papier in die Heimchendose gibt, kann man die Geckos darin an einem ruhigen Platz belassen und die Reinigungsarbeiten durchführen.

Technisches Zubehör: Heizmatte, Leuchtstofflampe, Thermometer und Hygrometer

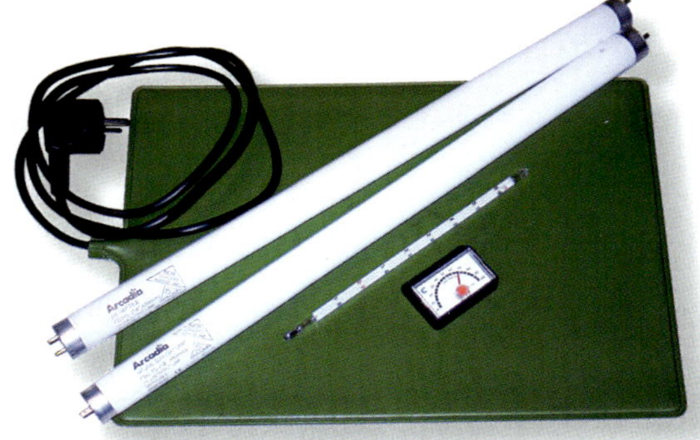

wählen können. Gelegentlich kann man Regentage imitieren, indem man die Einrichtung im Terrarium mit Wasser übersprüht und die Wärmespots und/oder auch die Wärmematten ausgeschaltet lässt.

Generell wird ab dem Nachmittag die Temperatur durch Ausschalten der Wärmespots und der Heizmatten allmählich abgesenkt; nachts sinkt dann die Temperatur auf Zimmertemperatur ab. Um eine Überhitzung zu vermeiden, werden die Heizmatten an heißen Sommertagen nicht eingeschaltet. Zur Kontrolle der Temperatur verbleibt ein Thermometer im Terrarium.

Beleuchtung

LYGOdactylus conraui ist ein Bewohner tropischer Regionen, wo Tag- und Nachtlänge in etwa gleich sind. Somit werden die Terrarien entweder täglich 12 oder im Sommer 12–13 und im Winter 11–12 Stunden beleuchet. Verwendung finden Leuchtstofflampen (Leuchtstoffröhren), deren Spektrum weitgehend dem des Sonnenlichts gleicht. Am besten verwendet man zwei verschiedene Leuchtstofflampen, eine mit hoher allgemeiner Lichtleistung (z. B. T8-Röhren mit 2 % UV-B-Strahlung oder „Daylight"-/„Natural Sunlight"-Röhren) und eine mit hoher UV-Leistung (8 % oder 10 % UV-B-Strahlung). Da der Lichtstrom und damit die Beleuchtungsstärke von Leuchtstofflampen im Lauf der Benutzungszeit abfallen, sollte man sie spätestens nach drei Jahren auswechseln. Für UV-Lampen wird ein Austausch nach bereits ca. 1.000 Brennstunden empfohlen. Bei Verwendung von T5-Röhren setzt man ebenfalls eine mit Tageslichtspektrum und eine mit UV-Spektrum ein.

Mit langen Leuchtstoffröhren, z. B. solchen mit 38 Watt Leistung (Baulänge 120 cm), lassen sich gut mehrere, gleich hohe Becken nebeneinander beleuchten. Die Röhren und ihre Vorschaltgeräte können in einfachen, auch selbstgebauten Reflektoren untergebracht werden. Als Alternative kommen im Handel erhältliche Reflektoren, die an der Röhre festgeklemmt werden, oder Terrarienabdeckungen mit bereits eingebauten Röhren in Betracht. Da Glas UV-Licht unterhalb von 320 nm absorbiert (also nur für UV-A-Strahlung durchlässig ist!), werden die Leuchtstofflampen über dem Gazeteil der Oberseite angebracht. Zusätzlich können Wärmestrahler als lokale Wärmequellen über der Gaze montiert werden – besonders bei Verwendung der wenig Wärme abgebenden T5-Röhren. Zeitschaltuhren übernehmen das Ein- und Ausschalten der Beleuchtung.

WUSSTEN SIE SCHON?

Ultraviolettes (UV-)Licht ist kurzwellig mit Wellenlängen zwischen 400 und 200 nm. Für den Menschen ist es nicht sichtbar. Es gibt drei Bereiche: UV-A für den Bereich von 400-320 nm, UV-B für 320-280 nm und UV-C für 280-200 nm. Zuviel UV-Licht ist schädlich: UV-C schädigt die Erbsubstanz (DNA), UV-B die Augenlinse, Netzhaut (Retina) und Haut (Sonnenbrand!), UV-A erhöht das Melanom-Risko. Die Schädigung hängt von der Energie, der Eindringtiefe ins Gewebe und der Zeit der Bestrahlung ab. Gegen ein Zuviel an UV-Licht schützen sich Tiere z. B. durch eine dunkle Pigmentierung der Haut. Allerdings wird UV-B- Licht für die Herstellung von aktivem Vitamin D_3 benötigt. Deshalb sollte eine gewisse Menge UV-B-Strahlung auf jeden Fall im Spektrum einer künstlichen Beleuchtung enthalten sein.

Luftfeuchtigkeit

LYGO*dactylus conraui* ist ein Bewohner feuchter oder sogar dauerfeuchter Regionen (Ausnahme Trockenzone in Ghana und Dahomey-Gap). Daher sollte man eine relative Luftfeuchtigkeit von 60–80 % anstreben. Der Wert von 80 % muss nicht dauernd herrschen, es reicht, wenn er kurzfristig erreicht wird, durch Überbrausen der Pflanzen und Äste im Terrarium mit Wasser. Um die relative Luftfeuchtigkeit für längere Zeit zu erhöhen, begießt man den Bodengrund mit Wasser. Aber trotzdem sollte der Bodengrund nicht dauernd nass oder feucht sein, sondern zwischendurch durchaus abtrocknen. Hierbei helfen die Wärmematten unter den Terrarien. Die Blumenerde der Pflanzen sollte immer feucht sein. Mit einem Hygrometer wird die Luftfeuchtigkeit im Terrarium überprüft.

Ernährung

LYGO*dactylus conraui* ernährt sich im Freiland von verschiedenen Insekten wie kleinen Faltern, Termiten, Heuschrecken, Fliegen und Ohrwürmern sowie anderen Wirbellosen wie Spinnentieren (Rugiero et al. 2007). Als Futter in der Terrarienhaltung eignen sich somit einige der gängigen Futterinsekten. Für *L. conraui* benötigt man Futtertiere, die auch adult klein sind oder kleine Larven haben. Es eignen sich: Heimchen (*Acheta domestica*), Raupen der Großen und der Kleinen Wachsmotte (*Galleria mellonella, Achroia grisella*), Ofenfischchen (*Thermobia domestica*), Kleine und Große Essig- oder Obstfliege (*Drosophila melanogaster, D. hydei*) und Erbsenblattläuse (*Acyrthosiphon pisum*).

DER PRAXISTIPP

Zweifleckgrillen (*Gryllus bimaculatus*) eignen sich für *L. conraui* nicht als Futter, da nicht gefressene Grillen, die in Verstecken im Terrarium bleiben, relativ groß werden und als nahezu Allesfresser den kleinen Geckos sogar gefährlich werden können.

Heimchen

Wachsmottenraupen

Kleine *Drosophila*-Fliegen

Ofenfischchen

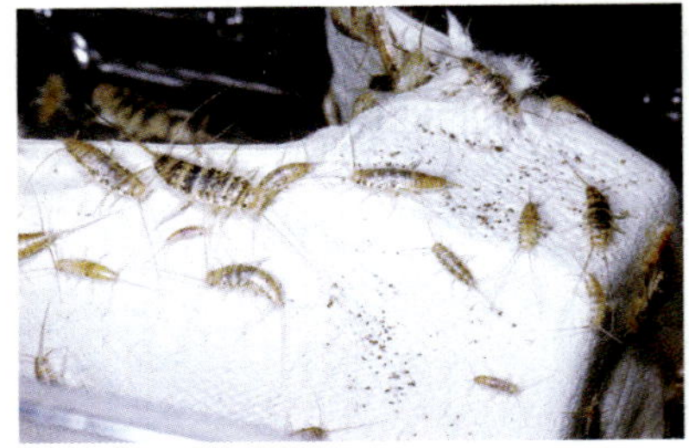

Einige der genannten Futtertiere kann man fast das ganze Jahr über im Zoofachhandel kaufen oder per Post zugesendet bekommen. Um nicht allzu abhängig von diesen Lieferungen zu sein und immer kleine Futtertiere vorrätig zu haben, sollte man zumindest einige der Futtertiere selbst züchten. Das können z. B. Wachsmottenlarven sein, da man im Handel oft nur große Larven bekommt, oder die leicht zu züchtenden Erbsenblattläuse und *Drosophila*-Fliegen. Vielseitig und gut ernährte Futterinsekten sind eine der Grundvoraussetzungen für die Gesunderhaltung der Zwergtaggeckos. Zum Thema Futtertierzuchten gibt es etliche hilfreiche Bücher mit ausführlichen Anleitungen wie z. B. von Bruse et al. (2008).

Adulte *L. conraui* werden dreimal pro Woche (z. B. montags, mittwochs, freitags) gefüttert. Aufgrund des Aktivitätsrhythmus der Geckos eignet sich hierzu der späte Nachmittag. Erbsenblattläuse, *Drosophila*-Fliegen und Ofenfischchen können als adulte Insekten verfüttert werden. Bei Heimchen und Wachsmotten werden Larven verfüttert, die Körperlängen von ca. 4–6 mm haben. Es ist durchaus

Die Erbsenblattlaus, ein gut geeignetes Futtertier für *Lygodactylus conraui*

ratsam, mehrere kleinere Futtertiere anzubieten, um die Geckos zu erhöhter Bewegungsaktivität zu veranlassen. Wenn man ver-

WUSSTEN SIE SCHON?

Viele Blattläuse sind als Schädlinge an Kultur- und Zimmerpflanzen bekannt. Sie sind nicht beliebt, da sie auf Dauer die Pflanzen schädigen und sich zudem mechanisch meistens nur schwer von ihren Wirtspflanzen entfernen lassen. Solche Bemühungen enden in der Regel in einem Blattlausbrei. Diese Arten eignen sich daher auch nicht als leicht einzusammelnde Futtertiere. Anders die Erbsenblattlaus: Ganze Kolonien von ungeflügelten, sich parthenogenetisch vermehrenden Weibchen lassen sich problemlos von Erbsenpflanzen oder anderen Schmetterlingsblütlern abschütteln. Denn die Erbsenblattlaus gehört zu denjenigen Arten, die sich bei Anzug von Gefahr einfach fallen lassen. Auslöser für diese Reaktion können z. B. Erschütterungen oder auch der Atem von pflanzenfressenden Säugetieren sein.

hindern möchte, dass die Heimchen allzu schnell in Verstecken im Terrraium verschwinden und dann nicht mehr von den Geckos gefresen werden, kann man diese in schmalen Plastikgefäßen wie z. B. *Drosophila*-Röhrchen anbieten. Die Geckos lernen es, sich die Futtertiere daraus zu holen, besonders wenn man das Röhrchen in die unmittelbare Nähe eines Astes stellt, damit die Geckos von dort aus in das Gefäß laufen können.

Wie andere Zwergtaggeckos auch, kann *L. conraui* bei zu reichlicher Fütterung Fett speichern, z. B. im Schwanz (von außen sichtbar am Schwanzumfang) und besonders in der Leber. Deshalb sollten ballaststoffreiche Heimchen häufiger angeboten werden als z. B. die bei den Geckos beliebten, aber fettreichen Wachsmottenraupen.

Fruchtbrei und Fruchtzwerge

Und die Futtermenge wird am besten so bemessen, dass die Geckos alle Futterinsekten schon kurze Zeit nach der Fütterung aufgefressen haben. Weiterhin kann man den Geckos in unregelmäßigen Abständen ein paar Fastentage angedeihen lassen, d. h. einmal im Monat einfach 3–4 Tage nicht füttern, sondern nur mit Wasser versorgen.

Auch *L. conraui* mag Süßes. In Abständen von 2–3 Wochen kann man den Tieren zerdrückte, reife Banane, Fruchtbrei (z. B. von Alete, Hipp oder Bebivita), Joghurt bzw. Frischkäse (z. B. Fruchtzwerge mit wenig Zucker) anbieten. Dazu gibt man einen Klecks Brei auf einen Kronkorken oder den Verschlussdeckel einer Milchtüte. Den Brei kann man irgendwo ins Terrarrium stellen: die Zwerge finden ihn! Man kann es ihnen auch leicht machen und den Brei in die Nähe der bevorzugten Sitzplätze stellen, sodass die Tiere von dort aus daran lecken können. Der Brei trocknet meist innerhalb von ein bis zwei Tagen ein, dann wird der Kronkorken oder Verschlussdeckel einfach entfernt. In feuchten Terrarien kann besonders der Fruchtbrei manchmal schnell schimmeln, in solchen Fällen entfernt man das Schälchen sofort.

Versorgung mit Wasser

ZWERGtaggeckos nehmen im Freiland Regen- und Tautropfen auf; in der Trockenzeit nehmen sie jede Quelle von Wasser an. Im Terrarium leckt *L. conraui* Spritzwasser von den Blättern oder von den Terrarienscheiben. Daher werden die Pflanzen etwa jeden zweiten Tag – meistens nachmittags oder am frühen Abend z. B. vor der Fütterung – mit Wasser überbraust.

Wie viele andere *Lygodactylus*-Arten lernt es auch *L. conraui*, Wasser aus Schälchen aufzunehmen. Dieses kann man z. B. einfach in Schraubverschlüssen von Mineralwasserflaschen anbieten, die man am besten direkt neben Äste auf den Bodengrund oder auf Steine stellt. Leider fällt dadurch manchmal Kot ins Wasser; dann sollte man das Schälchen entfernen und ein neues anbieten.

Versorgung mit Vitaminen und Mineralien

VITAmine sind Substanzen, die von Tieren in geringsten Mengen benötigt werden, in der Regel aber von ihnen nicht selbst hergestellt werden können. Sie müssen deshalb mit der Nahrung aufgenommen werden. Es gibt zwei Hauptgruppen von Vitaminen: wasserlösliche (B-Gruppe, C und H) und fettlösliche Vitamine (A, D, E und K). Die Dosierung der wasserlöslichen Vitamine ist kein Problem, denn ein „Zuviel" von ihnen wird nicht im Körper gespeichert, sondern ausgeschieden. Die fettlöslichen Vitamine dagegen werden im Körper – vor allem in der Leber – gespeichert.

Nicht ausreichende Mengen an Vitaminen führen zu Mangelerscheinungen (Hypovitaminosen). Aber auch eine Überdosierung fettlöslicher Vitamine wie A und D führt zu

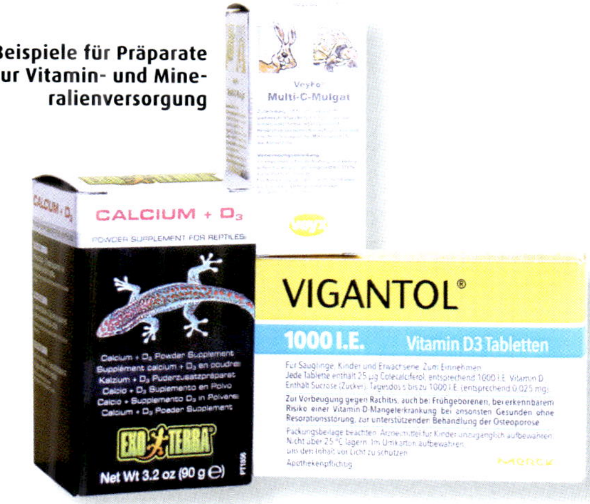

Beispiele für Präparate zur Vitamin- und Mineralienversorgung

Krankheitserscheinungen (Hypervitaminosen). Deshalb sollte man mit der Dosierung der Vitamine eher zurückhaltend sein und die Vitaminzufuhr besser über gut ernährte Futterinsekten gewährleisten, z. B. über mit Löwenzahn, Möhre und anderem Gemüse ernährte Heimchen.

Aber auch gut ernährte Futterinsekten sollten kurz vor dem Verfüttern mit einem Vitamin/Mineralienpulver eingestäubt werden. Das gilt für Heimchen, Wachsmottenraupen und beide Arten von *Drosophila*-Fliegen. Auf Ofenfischchen haftet das Pulver kaum. Auf Erbsenblattläusen bleibt nur sehr feines Pulver hängen, außerdem vertragen die Läuse das Pulver nicht gut. Als Vitamin/Mineralienpulver eignet sich sehr gut „Korvimin ZVT + Reptil“; hierbei handelt es sich um ein Gemisch aus Vitaminen und Mineralien, das speziell für Reptilien ausgelegt wurde. Es enthält z. B. größere Mengen an Mineralien und ein für Reptilien geeignetes Kalzium/Phosphor-Verhältnis (15 % Kalzium). Auch die Präparate „CALCA-mineral“ (Mineralien und Vitamine) und „Calcium + D_3“ (Exo Terra) können zum Einstäuben verwendet werden. Diese Präparate werden in einem dicht schließenden Gefäß im Kühlschrank aufbewahrt.

Wenn die Futterinsekten mit einem Vitamin/Mineral-Pulver eingestäubt werden, braucht das Spritzwasser keine Vitamine zu enthalten. Ansonsten wird das Spritzwasser mit Vitaminen versetzt. Hierzu gibt man zu einem Liter Wasser z. B. 2–3 Tropfen „Vey-Fo Multi-C-Mulgat“ (Veyx-Pharma GmbH). Natürlich kann man auch andere, im Fachhandel angebotene Vitaminpräparate verwenden. Verwendet man ein Vitaminpräparat ohne Vitamin D_3 wie Multi-C-Mulgat, so wird das Spritzwasser zusätzlich mit einer Tablette „Vigantol“ (Merck) mit 1.000 I.E. Vitamin D_3 versetzt. Das Wasser sollte kurz vor Gebrauch frisch zubereitet werden. Man kann auch einmal pro Monat einen Tropfen Vitamine und eine Vierteltablette Vigantol in wenig Wasser – etwa 2–3 ml – auflösen und dann in den Fruchtbrei einrühren. Sowohl die Vitamin-Stammlösung als auch die Vigantol-Tabletten werden lichtgeschützt im Kühlschrank aufbewahrt. Das Wasser in den Trinkgefäßen kann (muss aber nicht) zusätzliche Vitamine enthalten, die aber durch die relativ hohe Temperatur im Terrarium schnell abgebaut werden.

Zur zusätzlichen Versorgung mit Kalzium bekommen die Tiere alle ein bis zwei Monate ein mit einem Mörser fein zerriebenes Gemisch aus Eierschalen oder Sepiaschulp sowie Kalziumlaktat oder -citrat in einer flachen Schale, z. B. in einem Kronkorken. Zusätzliches Kalzium benötigen vor allem die Weibchen zur Produktion der Eischalen, die Kalziumkarbonat in Form von Calcit-Kristallen enthalten. Weibchen nehmen dieses Gemisch gern auf, Männchen dagegen eher nicht.

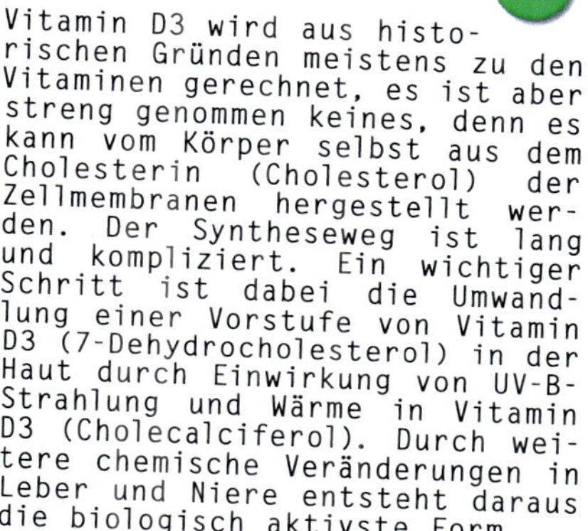

WUSSTEN SIE SCHON?

Vitamin D3 wird aus historischen Gründen meistens zu den Vitaminen gerechnet, es ist aber streng genommen keines, denn es kann vom Körper selbst aus dem Cholesterin (Cholesterol) der Zellmembranen hergestellt werden. Der Syntheseweg ist lang und kompliziert. Ein wichtiger Schritt ist dabei die Umwandlung einer Vorstufe von Vitamin D3 (7-Dehydrocholesterol) in der Haut durch Einwirkung von UV-B-Strahlung und Wärme in Vitamin D3 (Cholecalciferol). Durch weitere chemische Veränderungen in Leber und Niere entsteht daraus die biologisch aktivste Form.

Vitamin D_3 ist an der Regulation des Kalzium-Stoffwechsels beteiligt: Es fördert die Kalziumresorption (Kalziumaufnahme) aus dem Darm, die Rückresorption von Kalzium in der Niere und die Mobilisierung (Herauslösung) von Kalzium aus den Knochen. Ein Mangel an Vitamin D_3 führt zu Störungen der Knochenbildung und zu Verformungen des Skeletts. Solche Mineralisationsstörungen fallen unter das als Rachitis bekannte Krankheitsbild, oft erkennbar an einem Buckel in der Wirbelsäule.

Umgekehrt führt eine Überdosierung von Vitamin D_3 aber ebenfalls zu einer Entkalkung der Knochen sowie zu einer erhöhten Kalziumkonzentration im Blut. Deshalb sollte man mit der zusätzlichen Versorgung mit Vitamin D_3 über die Nahrung vorsichtig umgehen.

Versorgung im Urlaub

LYGOdactylus conraui ist ektotherm, nutzt also die Wärme aus der Umgebung zur Thermoregulation. Dieses Verfahren hat einen enormen Vorteil: Ektotherme Tiere benötigen wesentlich weniger Futter als vergleichbar große endotherme Wirbeltiere wie Vögel und Säuger. In der Terraristik läuft man immer Gefahr, seinen Reptilien zu viel Futter zu geben.

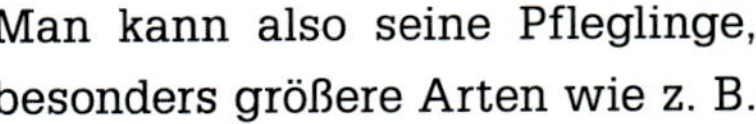

Man kann also seine Pfleglinge, besonders größere Arten wie z. B. unter den Geckos den Tokeh (*Gekko gecko*) durchaus 1–2 Wochen ohne Futter lassen. Bei den kleinen Zwergtaggeckos sieht das etwas anders aus. Ist man mehr als ein paar Tage abwesend und hat niemanden, der bei der Pflege einspringt, so kann man eine Urlaubsversorgung bezüglich Wasser und Futtertieren vorbereiten. Für die Wasserversorgung besorgt man sich Vogeltränken, die man mit Wasser gefüllt vor Urlaubsantritt ins Terrarium stellt; am besten an genau die Stelle, an der sonst das normale Trinkgefäß steht. Die Versorgung mit einem Futtertiervorrat ist aufwändiger. Hierfür eignen sich *Drosophila*-Fliegen und/oder Erbsenblattläuse. Die Fliegen werden in kleineren Gefäßen mit Schaumstoffstopfen (ideal sind *Drosophila*-Röhrchen) so angesetzt, dass die Fliegen der nächsten Generation genau zum Zeitpunkt der Urlaubsabwesenheit anfangen zu schlüpfen. Damit die Fliegen auch aus dem Gefäß herauskommen, klemmt man zwischen Schaum-

Vogeltränken für die Urlaubsversorgung

Ansätze von *Drosophila*-Fliegen in *Drosophila*-Röhrchen mit Schlauchstücken

Ansatz von Erbsenpflanzen mit Blattläusen für die Urlaubsversorgung

Erbsenblatt mit Blattläusen

stoffstopfen und Gefäßwand ein kurzes, durchsichtiges Schlauchstück. Hierdurch können die schlüpfenden Fliegen dann nach und nach herausklettern.
Weiterhin kann man Erbsenblattläuse auf einige frisch angezogene Erbsenpflanzen setzen und das Gefäß dann ins Terrarium stellen. Die Blattläuse bleiben zwar lange auf ihren Blättchen sitzen, aber irgendwann verlassen sie diese und laufen auf der Pflanze oder auch im Terrarium herum, sodass sie von den Geckos wahrgenommen und erbeutet werden können.
Zusätzlich kann man dann noch ein Schälchen mit Fruchtgel ins Terrarium stellen. Zerdrückte Banane, Früchtebrei oder Fruchtjoghurt kann man aufgrund von möglicher Schimmelentwicklung nicht für längere Zeit ins Terrarium geben. Auf zusätzliche Vitamine und Mineralien kann man in der kurzen Zeit ausnahmsweise verzichten.

Verhalten im Terrarium

In einem Terrarium, das sich in seiner Einrichtung an der Lebensweise orientiert, zeigen Zwergtaggeckos auch ihr normales Verhalten. Besonders die Kulturfolger unter ihnen werden oft schnell zutraulich. Das ist jedoch bei *L. conraui* nicht der Fall. Bei der kleinsten Störung – wenn man z. B. nahe an das Terrarium herantritt – verschwindet *L. conraui* mit ruhigen, aber zügigen Bewegungen auf die andere Seite des Stammes oder Astes, möglichst ungesehen vom Störenfried. Sie schaffen es sogar, an relativ dünnen Ästen oder Bambusstangen im Terrarrium nahezu „unsichtbar" zu werden. Trotzdem ist auch dieser Zwergtaggecko neugierig, denn nach kurzer Zeit kommt zumindest der Kopf wieder zum Vorschein. Ungestört nutzt *L. conraui* das gesamte Terrarium. Bevorzugte Sitzplätze befinden sich auf dem höchsten Ast, auf der Querstange oder versteckt zwischen Blättern. Es ist daher schwierig, das Verhalten von *L. conraui* genauer zu beobachten. Gelegentlich kann man bei innerartlichen Auseinandersetzungen ein Drohimponieren beobachten, dabei krümmt der drohende Partner den Rücken, und das unterlegene Tier führt mit dem letzten Schwanzdrittel Schlängelbewegungen aus.

Fortpflanzung

ZWERGtaggeckos aus tropischen und subtropischen Regionen pflanzen sich in der Regel das ganze Jahr über fort, weisen also eine kontinuierliche Reproduktion auf (RÖLL 2013).

Über die Fortpflanzung von *L. conraui* im Freiland gibt es bislang keine Daten, außer der Angabe von PASTEUR (1965), nach der sich diese Art in Accra (Ghana) – erwartungsgemäß – ganzjährig fortpflanzt.

Paarungsverhalten

AUFgrund des eher versteckten Lebens von *L. conraui* ist es auch schwierig, Paarungen zu beobachten. Und wenn man bemerkt, dass es gerade zu einer Paarung kommt, möchte man die Tiere nicht stören. Denn bei Störungen verschwindet das Paar wie üblich hinter dem Ast. Schlimmstenfalls kommt es zur Trennung der Partner.

WUSSTEN SIE SCHON?

Bei einer kontinuierlichen Fortpflanzung findet man das ganze Jahr über Eier und Jungtiere. Das heißt aber nicht, dass alle Weibchen dauernd Eier legen; wahrscheinlicher ist, dass immer einige Weibchen eine individuelle kurze Legepause einlegen. Auf die Gesamtpopulation bezogen, ist die Reproduktion allerdings kontinuierlich. Und natürlich kann es auch Zeiten geben, wie z. B. Trockenzeiten, in denen es zwar auch Eier und Jungtiere gibt, aber eben deutlich weniger.

Zum Paarungsverhalten von *L. conraui* gehört wie auch bei anderen Arten aus der Gattung *Lygodactylus* das Drohimponieren (daher die Bezeichnung „Drohbalz"). Das Männchen droht also mit gekrümmten Rücken vor dem Weibchen. Drohen und Annährung an das Weibchen wechseln sich ab. Ist das Weibchen nicht paarungsbereit, bewegt es die Schwanzspitze in schneller Abfolge seitwärts, droht das Männchen manchmal mit Kopfnicken an und läuft davon. Oft wird es vom Männchen verfolgt, das dann sein Drohimponieren erneut startet. Ist das Weibchen paarungsbereit, so lässt es sich vom Männchen überkriechen. Dieses umfasst das Weibchen ungefähr in der Körpermitte und hält es zusätzlich mit dem für squamate Echsen typischen Nackenbiss fest. Wenn das Weibchen seine Schwanzwurzel anhebt, kann das Männchen einen Hemipenis, und zwar den näher gelegenen, in die Kloake des Weibchens zur Übertragung der Spermien einführen. Eine Paarung kann 8–10 Minuten dauern.

Eiablage und Inkubation der Eier

TRÄCHtige Weibchen zu erkennen, ist bei *L. conraui* nicht so einfach. Von der Bauchseite her sind die Eier aufgrund der relativ undurchsichtigen Haut schwer zu sehen. Blickt man auf die Rückenseite eines trächtigen Weibchens, kann man nur zwei leichte, gegeneinander versetzte Wölbungen im hinteren Körperbereich erkennen. Zwei bis drei Tage vor der Eiablage stöbern manche Weibchen im Terrarium umher und suchen einen für die Ablage geeigneten Platz.

Im Terrarium kann ein Weibchen von *L. conraui* fast das ganze Jahr hindurch in Abständen von etwa vier Wochen Eier ablegen. Zwei Weibchen, die zusammen mit einem Männchen lebten, legten 14 Eier in sechs Monaten (van den Berghe & Mudde 2017). Zwei Weibchen aus Ghana, ebenfalls mit einem Männchen zusammen gehalten, legten mindestens zehn Eier in fünf Monaten.

Ein Gelege besteht aus zwei Eiern, die eine harte Kalkschale haben. Die Eier kleben meistens aneinander, und sie kleben immer am Substrat. *Lygodactylus conraui* gehört damit zu den sog. Eiklebern. Eikleber sind selten unter den *Lygodactylus*-Arten, bisher ist dieses Verhalten – neben *L. conraui* – nur bei *L. williamsi* und *L. bivittis* bekannt (Röll 2013). Die nahezu kugeligen Eier von *L. conraui* sind klein: Ihr Durchmesser beträgt nur 4,5–5 × 5,5–6 mm.

Zu Eiablageplätzen im Freiland findet man genau eine Angabe: Reid (1986) fand in Plantagen im südöstlichen Nigeria zwei Eischalen, die an einem trockenen Palmwedel (*Raphia* sp.) klebten. Im Terrarium kleben die Weibchen ihre Eier an Blätter, an Tonblumentöpfe, an die Terrarienscheiben und sogar „kopfüber" unter kleinere Korkeichenrindenstücke. Aber als häufigsten Ablageplatz nutzen die Weibchen in meinen Terrarien die dünnen Bambusröhren, die quer auf den Halterungen für Schrankrohre im Terrarium hängen. In den Röhren kleben

sie die Eier sowohl in die untere als auch in die obere Hälfte. Die Röhren kann man leicht herausnehmen und in einen Inkubator legen. Damit können die Eier unter kontrollierten Bedingungen ausgebrütet werden.

Von Blättern lassen sich die Eier leicht entfernen, von den anderen Substraten nicht. Kann man das Gelege nicht aus dem Terrarium nehmen, sollte man es mit einem umgedrehten kleinen Becher abdecken, dessen Boden aus Gaze oder Gardine besteht. Die Schlüpflinge sitzen dann in dem Becher und sind vor etwaigen Nachstellungen von Seiten der Elterntiere geschützt. Und wenn man die Eier in den Bambusröhren auch im Terrarium inkubieren möchte, sollte man das Ende der Bambusstange mit Gaze umwickeln, um die Schlüpflinge aufzufangen.

Durch die Eischale schimmern frisch abgelegte Eier gelblich, nach einigen Tagen werden die Eier rosa und dann mit fortschreitender Embryonalentwicklung dunkel. Die Jungtiere schlüpfen bei einer Inkubation der Eier im Terrarium nach 65–75 Tagen.

Gelege auf einem Blatt einer Efeutute

Bambusstange mit Gaze zum Auffangen der Schlüpflinge

Gelege unter einem Korkeichenrindenstück; auf der Schale Abdrücke von Schuppen des Weibchens

Leere Eischalen

Geschlechtsdetermination

DAS Geschlecht der sich entwickelnden Embryonen wird bei Geckos entweder genetisch oder in Abhängigkeit von der Inkubationstemperatur der Eier festgelegt (genotypische oder temperaturabhängige Geschlechtsdetermination). Bei der genotypischen Geschlechtsdetermination wird das Geschlecht bei der Befruchtung festgelegt. Dies führt in der Regel zu einem durchschnittlichen Geschlechterverhältnis von 1 : 1 unter den Nachkommen. Bei der temperaturabhängigen Geschlechtsdetermination wird das Geschlecht erst während der Embryonalentwicklung festgelegt. Dadurch kann es sowohl unter natürlichen als auch unter künstlichen Bedingungen zu beträchtlichen Abweichungen vom 1 : 1-Geschlechterverhältnis kommen.

In der Literatur liegen noch keine Daten über die Art von Geschlechtsdetermination bei *L. conraui* vor. Unter meinen Nachzuchttieren waren von Mai 2018 bis zum März 2019 zehn Männchen und sechs Weibchen. Darunter waren zwei Geschwisterpaare mit jeweils unterschiedlichem Geschlecht. Rückschlüsse darauf, welche Art von Geschlechtsdetermination vorliegt, können hieraus nicht gezogen werden, da die Gelege unter unterschiedlichen Temperaturbedingungen gezeitigt wurden.

WUSSTEN SIE SCHON?

Während der Ablage ist die Kalkschale der Eier verformbar, danach härtet die Schale sehr schnell aus. Meistens bleiben die Weibchen noch während der Aushärtung beim Gelege und halten es zwischen Schwanzansatz und Hinterfüßen „fest", sodass man auf der Eischale noch Abdrücke von Schwanz- oder Zehenschuppen sehen kann.

Unterbringung der Jungtiere

DIE Schlüpflinge sind winzig und haben nur eine Kopf-Rumpf-Länge von 12–13 mm, der Schwanz ist genauso lang, manchmal 1 mm kürzer. Die beiden Jungtiere eines Geleges schlüpfen entweder am gleichen Tag oder in Abständen von ein bis zwei Tagen. Nach dem Verlassen des Eis durch eine

Aufzuchtdose

kleine Öffnung häuten sich die Schlüpflinge.

In einem großen Terrarium verschwinden die Schlüpflinge, deshalb werden sie zunächst zur besseren Beobachtung einzeln untergebracht. Sie beziehen in den ersten 2–4 Lebenswochen

Schlüpfling: gerade einen Tag alt

eine zum Kleinstterrarium umgestaltete, durchsichtige Plastikdose mit den Maßen 10 × 10 × 14 cm (Breite × Tiefe × Höhe). Die Dose hat wie die Glasterrarien zwei Lüftungsflächen, eine im Deckel (ca. 7–8 cm Durchmesser) und eine an einer Seite (ca. 6 cm Durchmesser). Der Bodengrund der Aufzuchtdosen besteht aus Sand, die Einrichtung aus einem kleinen Ast und einem Stück Korkeichenrinde. Die Dosen stehen auf Heizmatten und werden mit den gleichen Leuchtstofflampen beleuchtet wie die Terrarien.

Im Alter von vier Wochen werden die Jungtiere in eine größere Plastikdose mit den Maßen 12 × 12 × 17 cm (Breite × Tiefe × Höhe) umgesetzt. Diese Dose ist schon groß genug, um die Einrichtung mit einer Rankenpflanze in einem kleinen Blumentopf zu vervollständigen.

Im Alter von zwei Monaten können die Jungtiere ein Terrarium mit den Maßen 25 × 30 × 40 cm (Breite × Tiefe × Höhe) beziehen. Jetzt können sich zwei gleich große Jungtiere ein Terrarium teilen; allerdings muss man darauf achten, dass keiner der beiden Insassen unterdrückt wird, sondern beide Zugang zu Futtertieren, Sonnenplätzen und Verstecken haben.

Unterseite eines Schlüpflings

Versorgung der Jungtiere mit Futter

FRISCH geschlüpfte Jungtiere von *L. conraui* nehmen erst nach ein bis zwei Tagen Futter an. Ab dann werden sie in ihren ersten 6–8 Lebenswochen täglich gefüttert. Als Futtertiere eignen sich kleine *Drosophila*-Fliegen (*D. melanogaster*), ca. 2–3 mm lange Raupen der Wachsmotte, ebenso kleine Larven des Ofenfischchens, frisch geschlüpfte Heimchen (sog. „Micros") und junge Erbsenblattläuse. Dabei reicht man ihnen nur soviel Futter, wie die Junggeckos an einem Tag fressen können. Fruchtbrei wird höchstens in kleinen Klecksen angeboten, um ein Verkleben der Schlüpflinge zu verhindern. Auf Trinkwassergefäße sollte man noch verzichten und dafür jeden Tag mit wenig Wasser sprühen. Sind die Jungtiere über acht Wochen alt, kann man an ein oder zwei Tagen pro Woche das Füttern ausfallen lassen; etwas später wird nur noch alle zwei Tage gefüttert. Ab diesem Alter kann man ihnen ein Gefäß mit Trinkwasser ins Terrarium stellen.

Entwicklung der Schlüpflinge und Jungtiere

DIE Schlüpflinge der grünen „Conrauis" sind hübsche Tiere, aber die Farbe „grün" kann man an ihnen nicht entdecken: Sie sind beigebraun, haben einen helleren Dorsolateralstreifen und einen auffällig roten Schwanz. Aber einige Zeichnungsmerkmale der adulten Tiere haben auch sie: die Ozellen!

Schlüpfling mit vielen Ozellen

Schlüpfling von Tieren aus Ghana

Zwei Monate altes Jungtier mit leichter Grünfärbung

Allerdings sind es manchmal noch keine richtigen Ozellen, sondern kleine, aber markante, weiße Punkte. Die obere Ozellenreihe liegt genau in dem helleren Streifen. Dies hatte schon TORNIER (1902) bemerkt. Und weiß getupfte Füße haben die Jungtiere auch schon. Schlüpflinge der Farbvariante aus Ghana sind graubraun und haben einen leicht rötlichen Schwanz, wobei die Unterseite röter ist als die Oberseite. Auch bei ihnen finden sich die späteren Ozellenreihen als weißliche Flecken. Die Unterseite ist bei allen Schlüpflingen bis auf den rötlichen Schwanz weiß bis gräulich.

Die Jungtiere aus Ghana werden mehr oder weniger unmerklich etwas heller und sind als

Junges Männchen im Alter von vier Monaten mit einfarbig gelbem Kopf

Das gleiche junge Männchen im Alter von sieben Monaten: mit schwarzen Punkten auf dem Kopf

adulte Tiere höchstens leicht grünlich, meistens beigefarben. Die Jungtiere aus dem Handel (wahrscheinlich aus Kamerun) erreichen ihre Adultfärbung in Stufen. Die Schlüpflingsfärbung behalten die Jungtiere ca. 2–3 Monate. Dann wird zunächst die Oberseite des Kopfes, besonders im Bereich der Schnauze, leicht grün oder gelb, bei Männchen und auch bei Weibchen. Nach ca. 3–4 Monaten ist auch der Körper hellgrün. In diesem Alter verblasst auch die rote Färbung des Schwanzes, bis nur noch große orangerote Flecken auf beigefarbenem bis gelblichem Grund vorhanden sind. Auch diese Flecken verblassen, und der Schwanz bleibt oberseits gelb, die Unterseite des Schwan-

Sechs Monate altes Weibchen

zes bleibt dagegen länger rötlich. Bei den Männchen bleibt die gelbe Färbung des Kopfes in der Regel erhalten, und der Körper wird immer grüner. Bei den Weibchen werden sowohl die Oberseite des Kopfes als auch der Rücken grün, meist etwas dunkler grün als beim Männchen.

Sechs Monate altes Männchen

Die jungen Männchen haben lange Zeit einen einfarbig gelben Kopf. Erst im Alter von 5–6 Monaten, manchmal auch noch später, bekommen sie dort schwarze Punkte oder kleine Flecken. Diese sind indivduell verschieden und scheinen sich im Laufe des Lebens nicht mehr zu verändern. Ein Weibchen mit schwarzen Punkten oder Flecken auf der Kopfoberseite habe ich noch nicht gesehen.

Die Färbung der adulten Tiere unterscheidet sich also auffällig von ihrer Färbung als Schlüpfling, besonders bei den Männchen. Nur die Ozellen, die ein Tier bereits als Schlüpfling hatte, bleiben als konstantes Merkmal erhalten. Und auch der dunkle Streifen am hinteren Oberschenkelrand, der schon bei Jungtieren vorhanden ist, bleibt erhalten.

Das Geschlecht kann man den Jungtieren von *L. conraui* im Gegensatz zu denen der meisten anderen *Lygodactylus*-Arten relativ früh feststellen. Schon im Alter von 2–3 Monaten entwickeln die Männchen Präkloakalporen, die zunächst nur als kleine Punkte sichtbar sind.

Im Alter von sechs Monaten sind die jungen *L. conraui* zwar schon geschlechtsreif, aber noch nicht ganz ausgewachsen. Deshalb sollten die Geckos erst ab dem Alter von einem Jahr paarweise gehalten werden. Wie alt sie überhaupt werden, darüber liegen kaum Informationen vor. Im Freiland werden *Lygodactylus*-Geckos nach Schätzungen kaum älter als zwei Jahre. Im Terrarium können sie ein Alter von über 12 Jahren erreichen (Röll 2013).

Krankheiten

ÜBER Krankheiten von *L. conraui* liegen keine Informationen vor. Noch nicht einmal Infektionen mit Milben sind beschrieben. Das heißt aber nicht, dass diese Art ausgesprochen resistent gegenüber Erkrankungen ist. Es bedeutet wohl eher, dass hier einfach noch Wissenslücken und damit noch Forschungsbedarf bestehen. Die Art wird erst seit relativ kurzer Zeit in Terrarien gehalten. Und aufgrund ihrer geringen Größe werden kranke Tiere wohl selten einem Tierarzt vorgestellt. Generell sollte man aber bei gesundheitlichen Problemen einen Tierarzt aufsuchen. Möglicherweise sind Erkrankungen bei diesen etwas versteckt lebenden, kleinen Geckos auch schwer zu erkennen. Ein Grund mehr, sich jede Woche etwas Zeit zu nehmen, um die Geckos zu beobachten.

Ausblick

CONRAUS Zwergtaggecko lässt sich mit der richtigen Pflege gut halten und auch leicht nachzüchten. Auch die Herausforderung, die winzigen Schlüpflinge aufzuziehen, lässt sich meistern. Daher bin ich zuversichtlich, dass das Ziel, nur noch Nachzuchttiere in Terrarien einziehen zu lassen, erreichbar ist.

Danksagung

MEIN herzlicher Dank gilt Klaus Stürzenhofecker, der jedes Mal während längerer Abwesenheit die Pflege meiner Geckos übernahm.

Weitere Informationen

Untersuchungsstellen

Kotproben, Sektionen und andere Untersuchungen können von spezialisierten Tierärzten oder von veterinärmedizinischen Untersuchungsstellen vorgenommen werden, die es in vielen Städten gibt.
Eine Liste mit Tierärzten, die sich mit Reptilien und Amphibien beschäftigen, kann über die DGHT bezogen oder auf www.dght.de eingesehen werden. Überregional bekannt sind z. B. folgende Einrichtungen:

exomed (www.exomed.de)

LABOKLIN (www.laboklin.de)

Landesbetrieb Hessisches Landeslabor (www.lhl.hessen.de)

Vereine und Interessengruppen

Die Deutsche Gesellschaft für Herpetologie und Terrarienkunde **(DGHT e.V.; www.dght.de)** ist die weltweit größte Gesellschaft ihrer Art und bringt Wissenschaftler und Hobbyherpetologen zusammen. Innerhalb der DGHT existiert die AG Echsen, die sich mit dem Conraus Zwergtaggecko beschäftigt und jährliche Fachveranstaltungen veranstaltet.

Die Interessengemeinschaft Phelsuma **(IG Phelsuma, www.ig-phelsuma.de)** ist eine Vereinigung von Terrarianern, Hobbyherpetologen und Wissenschaftlern, die sich schwerpunktmäßig mit der Gattung *Phelsuma* beschäftigen und Adressen von Züchtern vermitteln.

Zeitschriften

- REPTILIA
  Terraristik-Fachmagazin
  Natur und Tier - Verlag GmbH
  An der Kleimannbrücke 39/41
  48157 Münster
  Tel.: 0251-133390
  E-Mail: verlag@ms-verlag.de
  www.reptilia.de

- SAURIA
  Terraristik und Herpetologie
  erscheint vier Mal jährlich
  E-Mail: abo@sauria.de
  www.sauria.de

- DRACO
  Natur und Tier - Verlag GmbH
  www.draco-magazin.de

- DATZ
  Die Aquaristik - und Terrarien-Zeitschrift
  Natur und Tier - Verlag GmbH
  An der Kleimannbrücke 39/41
  48157 Münster
  www.datz.de

- elaphe
  (nur für Mitglieder der DGHT)

Verwendete und weiterführende Literatur

AKANI, G.C., BARIEENEE, I.F. & L. LUISELLI (1998): Observation on habitat, reproduction and feeding of *Boiga blandingii* (Colubridae) in south-eastern Nigeria. – Amphibia Reptilia 19(4): 430–436.

AMADI, N., G.C. AKANI, N. EBERE, G. *Asumene*, F. PETROZZI, E.A. ENIANG & L. LUISELLI (2017): Natural history obeservations of a dwarf 'green' gecko, *Lygodactylus conraui* in Rivers State (Southern Nigeria). – The Herpetological Bulletin 139: 20–24.

BARBOUR, T. & A. LOVERIDGE (1927): Some undescribed frogs and a new gecko from Liberia. – Proceedings of the New England Zoological Club 10: 13–18.

BAUER, A.M., S. TCHIBOZO, O.S.G. PAUWELS & G. LENGLET (2006): A review of the gekkotan lizards of Bénin, with the description of a new species of *Hemidactylus* (Squamata: Gekkonidae). – Zootaxa 1242: 1–20.

BRUSE, F., W. SCHMIDT & W. MEYER (2008): PraxisRatgeber Futtertiere. – Edition Chimaira, 2. Auflage, 159 S.

CHIRIO, L. & M. LEBRETON (2007). Atlas des reptiles du Cameroun. – Publications Scientifiques du MNHN, IRD, Paris, 686 S.

DUNGER, G.T (1969): The lizards and snakes of Nigeria. – Nigerian Field 33: 18–47.

FUKAREK, F., H. HÜBEL, P. KÖNIG, G.K. MÜLLER, R. SCHUSTER & M. SUCCOW (1995): Urania Pflanzenreich. – Urania-Verlag Leipzig, Jena, Berlin, 420 S.

GONWOUO, N.L., M. LEBRETON, L. CHIRIO, I. INEICH, N.M. TCHAMBA, P. NGASSAM, G. DZIKOUK & J.L. DIFFO (2007): Biodiversity and conservation of the reptiles of the Mount Cameroon area. –African Journal of Herpetology 56(2): 149–161.

GRAY, J.E. (1864): Notes on some new lizards from South-Eastern Africa, with the description of several new species. – Proc. Zool. Soc. London 34: 58–62.

INTERNATIONAL COMMISSION OF ZOOLOGICAL NOMENCLATURE (1999): International Code of Zoological Nomenclature (ICZN), adopted by the International Union of Biological Sciences. – London (International Trust for Zoological Nomenclature), 4th Edition, 306 S.

HERRMANN, H.-W., W. BÖHME, O. EUSKIRCHEN, P.A. HERRMANN & A. SCHMITZ (2005): African biodiversity hotspots: the reptiles of Mt Nlonako, Cameroon. – Revue Suisse de Zoologie 112(4): 1045–1069.

HILLER, U. (1977): Structure and position of receptors within scales bordering the toes of gekkonids. – Cell and Tissue Research 177: 3525–3530.

HOFMANN, T. (2011): Ein eiklebender Vertreter der Gattung *Lygodactylus* GRAY, 1864: *Lygodactylus* cf. *conraui* TORNIER, 1902. – Sauria 33(2): 29–30.

LAWSON, D.P. (1993): The reptiles and amphibians of the Korup National Park Project, Cameroon. – Herpetological Natural History 1(2): 27–90.

LEACHÉ, A.D. (2005): Results of a herpetological survey in Ghana and a new coutry record. – Herpetological Review 36(1): 16–19.

LEBRETON, M. L. CHIRIO & D. FOGUEKEM (2003): Reptiles of Takamanda Forest Reserve, Cameroon. – SI/MAB Biodiversity Programm #8: 83–94.

LOVERIDGE, A. (1960): Status of new vertebrates described or collected by Loveridge. – Journal of the East 1960: 250–280.

LUISELLI, L., E.A., ENIANG & G.C. AKANI (2007): Non-random structure of a guild of geckos in a fragmented, human-altered, African rainforest. – Ecological Rsearch 22: 593–603.

MANNERS, G.R. & G. GEORGEN (2015): *Lygodactylus conraui* (Cameroon or Conrau's dwarf gecko): use of edificarioan habitat and anthropochory

in Benin. – The Herpetological Bulletin 131: 32–33.

Mariau, D., M. Houssou, M., R. Lecoustre & B. Ndigni (1991): Insectes polinisteurs du palmier à huile et taux de nouaison en Afrique de l'ouest (1). – Oléagineux 46(2): 43–51.

Mertens, R (1964): Die Reptilien von Fernando Poo. – Bonner Zoologische Beiträge Heft 3/4: 211–238.

Milbraed, J. (1923): Georg Zenker. – Notizblatt des Königlichen Botanischen Gartens und Museums zu Berlin, Bd. 8, Nr. 74: 319–324.

Pasteur, G. (1965 [1964]): Recherches sur l'évolution des lygodactyles, lézards afro-malgaches actuels. – Trav. Inst. Scient. Chérif., Sér. Zool., Rabat, 29: 1–132.

Pauwels, O., P. Carlino, L. Chirio & J.-L. Albert (2016): Miscellanea Herpetologica Gabonica IV. – Bulletin of the Chicago Herpetological Society 51(5): 73–79.

Perret, J.L. (1963): Les Gekkonidae du Cameroun, avec la description de deux sous-espèces nouvelles. – Revue Suisse de Zoologie 70(3): 47–60.

Puente, M., F. Glaw, D.R. Vieites, M. Vences (2009): Review of the systematics, morphology and distribution of Malagasy dwarf geckos, genera *Lygodactylus* and *Microscalabotes* (Squamata: Gekkonidae). – Zootaxa 2103: 1–76.

Reid, J.C. (1986): A list with notes on lizards of the Calabar area of southeastern Nigeria. – Studies in Herpetology, Roĉek Z. (ed.): 699–704.

Röll, B. (1995): Epidermal fine structure of the toe tips of *Sphaerodactylus cinereus* (Reptilia, Gekkonidae). – Journal of Zoology 235: 289–300.

Röll, B. (2013): Tagaktive Zwerggeckos der Gattung *Lygodactylus*. – Natur und Tier - Verlag, Münster, 118 S.

Röll, B (2017): Die Strandmandel – Vielseitig nutzbar für kleine Reptilien. – REPTILIA Nr. 124 22(2): 44–49.

Röll, B. (2018): Der kleine Grüne – Conraus Zwergtaggecko *Lygodactylus conraui*. – REPTILIA Nr. 132: 34–40.

Röll, B., H. Pröhl & K.-P. Hoffmann (2010): Multigene phylogenetic analysis of *Lygodactylus* dwarf geckos (Squamata: Gekkonidae). – Molecular Phylogenetics and Evolution 56: 327–335.

Rugiero, L., L. Luiselli, E. A. Eniang & G. C. Akani (2007): Diet of a guild of geckos in a fragmented, human-altered African rainforest. – African Journal of Herpetology 56(1): 91–96.

Tornier, G. (1896): Die Kriechthiere Deutsch-Ost-Afrikas. Beiträge zu Systematik und Descendenzlehre. – (Berlin): xiii + 164 S. pls. i-v.

Tornier, G. (1899): Ein Eidechsenschwanz mit Saugscheibe. – Biol. Zentralblatt, Jena, 19: 549–552.

Tornier, G. (1902): Die Crocodile, Schildkröten und Eidechsen in Kamerun. – Zool. Jahrb. Syst. 15: 663–677.

Trape, J.F., S. Trape & L. Chirio (2012): Lézards, crocodiles et tortues d'Afrique occidentale et du Sahara. – IRD Édition, Institute derecherche pour le développment, Marseille.

Tuo, Y., H.K. Koua & N. Hala (2011): Biology of *Elaeidobius kamerunicus* and *Elaeidobius plagiatus* (Coleoptera: Curculionidae) main pollinators of oil palm in West Africa. – European Journal of Scientific Research 49(3): 426–432.

van den Berghe, G. & P. Mudde (2017): Over *Lygodactylus conraui*. – Lacerta 75(6): 204–209.

van Eijsden, E.H.T. (1978): Gecko's verzameld in River State, Nigeria, door M. Th. Ammer. – Lacerta 36: 107–118.

Vollmert, P., A.H. Fink & H. Besler (2004): Ghana Dry Zone und Dahomey Gap: Ursachen für eine Niederschlagsanomalie im tropischen Westafrika. – Erde 134(4): 375–393.

Walter, H. & S.-W. Breckle (2004): Ökologie der Erde, Band 2. – Elsevier Spektrum Akademischer Verlag, 3. Auflage, 764 S.